わが家の電力自由化ガイドブック

電気の選び方

電気新聞 編著

日本電気協会新聞部

はじめに

電気を選ぶって何だろう？

空気や水と同じように、現代日本では当たり前のように存在する電気。その電気が家庭でも「選べる」ようになりました。
　でも、「電気を選ぶ」ってどういうことでしょう？　選ぶにはどうすればいいのでしょう？
　誰にとっても初めての経験ですが、電気は毎日必ず使うものだけに、失敗は避けたいもの。
　この本では、電気を選ぶために必要なこと、電力会社を変更する手順、気を付けたい注意点などをまとめました。
　電気を選ぼうとしている人もそうでない人も、私たちとともに、賢い選択をしていきましょう。

2016年6月
電気新聞

電気の選び方　目次

1 電力自由化が家庭にやってきた……10

01 電力自由化って何だろう？
地域の電力会社が電気を供給してきた …… 12
部分自由化から全面自由化へ …… 14

02 電力システム改革とは？
今、なぜシステム改革なのか？ …… 16
段階的に進められる改革 …… 18
広域機関って何をするの？ …… 20
電気事業は三つのライセンスに …… 22
地域の10電力会社はどう変わる？ …… 24
電力・ガス取引監視等委員会とは？ …… 26
法的分離って何？ …… 28
|||| コラム |||| 都市ガスも2017年4月から自由化へ …… 29

03 電力自由化のメリット・デメリット
電力自由化は何をもたらすか …… 30
|||| コラム |||| 電気はエネルギーミックスで …… 34

2 電気の新しいカタチを知る ……… 36

04 電気のサービスはどうなるの?
数多くの電力会社が誕生 ……………… 38
電気料金は多種多様に ………………… 40
||||| コラム ||||| 電気料金の基本を知ろう ……… 41

05 新しい電気料金の傾向は?
セットやポイントでおトクに …………… 42
電気料金がおトクに ……………………… 44
その他の新しいサービス ………………… 46

06 地域の電力会社の動き
電気料金メニューに新しい風 …………… 48
付帯サービスも充実 ……………………… 50
従来の枠を超えて ………………………… 52

07 こんなサービスはある?
デマンドレスポンスとHEMSで電気代削減? …… 54
家族の電気代をまとめたい ……………… 56
電源は選択できる? ……………………… 58
||||| コラム ||||| 再生可能エネルギー
　　　　固定価格買取制度(FIT)とは? ……… 60

3 賢い電気の選び方 ・・・・・・・・・・・・・・・・・・・・・・・・・ 62

08 電力会社や料金を選ぶ方法
検針票を確認する ・・・・・・・・・・・・・・・・・・・・・・・・・・・・・・・・・・ 64
電力会社のウェブサービスで使用量をチェック ・・・・・・・ 70
自分の生活を見直してみる ・・・・・・・・・・・・・・・・・・・・・・・・・・ 72
電力比較サイトで比較してみる ・・・・・・・・・・・・・・・・・・・・・ 74
電気料金比較のポイント10 ・・・・・・・・・・・・・・・・・・・・・・・・ 76
有力候補の電力会社のホームページを確認しよう ・・・・・・ 78
小売電気事業者を確認しよう ・・・・・・・・・・・・・・・・・・・・・・ 80
|||| コラム |||| 小売り営業にはルールがある ・・・・・・・・・ 82
電気を選ぶポイントまとめ ・・・・・・・・・・・・・・・・・・・・・・・・ 84

09 電力会社を変更する手順
STEP.1 供給地点特定番号やお客さま番号を確認する ・・ 86
STEP.2 新しい電力会社に申し込む ・・・・・・・・・・・・・・・ 88
STEP.3 スマートメーターへの取り替えを待つ ・・・・・・・・ 90
STEP.4 使用開始 ・・・・・・・・・・・・・・・・・・・・・・・・・・・・・・・ 92
|||| コラム |||| スマートメーターって何? ・・・・・・・・・・・・・・・ 94

10 電気を選ばないとどうなるの?
お気に入りが見つかるまでじっくり検討を ・・・・・・・・・・・ 96

11 ウチでも電気を選べるの？

集合住宅に住んでいる ・・・・・・・・・・・・・・・・・・・・・ 98
マンションが高圧一括受電だ ・・・・・・・・・・・・・・・・ 100
オール電化住宅に住んでいる ・・・・・・・・・・・・・・・・ 102
エネファームを利用している ・・・・・・・・・・・・・・・・ 104
太陽光発電で余剰電力を売電している ・・・・・・・・・・・・ 106
新築のときはどうすればいい？ ・・・・・・・・・・・・・・・ 108
商店で低圧電力も契約している ・・・・・・・・・・・・・・・ 110
離島に住んでいる ・・・・・・・・・・・・・・・・・・・・・ 112
|||| コラム |||| ユニバーサルサービスとは？ ・・・・・・・・ 114

12 省エネだけでも電気代は安くなる

省エネ家電に買い替える ・・・・・・・・・・・・・・・・・・ 116
|||| コラム |||| 省エネ家電の選び方 ・・・・・・・・・・・・ 118
省エネ行動を身に付ける ・・・・・・・・・・・・・・・・・・ 120
契約アンペアを見直してみる ・・・・・・・・・・・・・・・・ 122

13 電気代は必ず安くなる？

料金メニューと使い方が合わないと
高くなってしまうかも ・・・・・・・・・・・・・・・・・・・ 124

4 注意点とトラブル対応法 ・・・・・・・・・・・・・・・ 126

14 契約ではこんな点に注意しよう!
電気代の請求はどうなるのかを確認しよう ・・・・・・・・・・ 128
||||| コラム ||||| 電気料金請求までの流れ ・・・・・・・・・・・・・ 130
契約時のあれこれ ・・・・・・・・・・・・・・・・・・・・・・・・・・ 132

15 契約後の心配事
契約期間がある場合は違約金に注意! ・・・・・・・・・・・・・ 136
契約の解除について ・・・・・・・・・・・・・・・・・・・・・・・・ 138
停電になったらどこに連絡すればいい? ・・・・・・・・・・・・ 140
大規模災害が発生したらどうなるの? ・・・・・・・・・・・・・ 142
契約先の会社が倒産したら電気は止まる? ・・・・・・・・ 144
||||| コラム ||||| 日本ロジテック協同組合の倒産 ・・・・・・・ 145
引っ越しが決まったら ・・・・・・・・・・・・・・・・・・・・・・・ 146

16 電気の小売りルールと相談窓口
小売営業ガイドラインを参考に ・・・・・・・・・・・・・・・・・ 148
国の相談窓口を覚えておこう ・・・・・・・・・・・・・・・・・・ 150

5 巻末 152

17 電気の基礎知識
電気の単位を知ろう 154
家庭の電気設備を知ろう 156
電力供給のしくみ 158
電気の安定供給とは 160

18 わが家の電気ノート
基本情報をメモしよう 162
比較サイトの情報をメモしよう 164

19 契約前のチェックシート
契約前に確認しよう 166

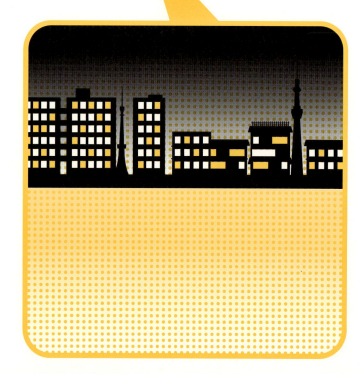

電力自由化が家庭にやってきた

　2016年4月から一般の家庭でも電力会社が選べるようになりました。これは電力自由化という国の政策の一つの段階です。正確に言うと、電力小売りの全面自由化です。

　実際に電気を選ぶときにはあまり関係ありませんが、制度改革としての電力自由化の意義や歴史、メリットやデメリットについて把握しておきましょう。

01　電力自由化って何だろう？　→P12
02　電力システム改革とは？　→P16
03　電力自由化のメリット・デメリット→P30

01 電力自由化って何だろう？

地域の電力会社が電気を供給してきた

　日本の電力供給はこれまで、北海道から沖縄まで、全国10のエリアにそれぞれ設立された地域の電力会社が担ってきました。これを10電力体制と呼びます。

　地域の電力会社は、その地域で発電から送電、配電、小売りまで、電気のサービスを独占的に提供する代わりに、消費者が必要とする電気を供給する義務がありました。また、電気料金は国からの審査を受けました。

　電力会社以外の事業者が、発電したり、電気を販売したりできるようにする電力自由化は、1995年から少しずつ進められてきました。2015年からは、電力システム改革として、電力広域的運営推進機関（広域機関）の設立、小売りの全面自由化、送配電部門の法的分離が段階的に実施されています。

　これに基づいて、2016年4月からは、一般家庭や商店でも地域の電力会社以外の電力会社を選べるようになったのです。

● 発電から送配電、小売りまで一貫して担ってきた

発電　　　　　　送配電　　　　　　小売り

01 電力自由化って何だろう？

部分自由化から全面自由化へ

　これまでも、工場やビルなどたくさんの電気（契約電力50kW以上）を使っている消費者は、他の地域の電力会社や新規参入の電力会社（新電力）などから、自由に電力会社を選んで買うことができました。ただ、一般家庭は電気を売る電力会社を選ぶことができなかったので、小売りの**部分自由化**といわれていました。

　2016年4月からは**全面自由化**となり、一般家庭や商店でも、地域の電力会社以外から電気を買うことができるようになったのです。

電力小売り自由化の歩み

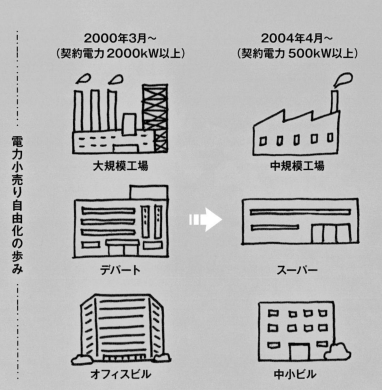

2000年3月〜（契約電力2000kW以上）
- 大規模工場
- デパート
- オフィスビル

2004年4月〜（契約電力500kW以上）
- 中規模工場
- スーパー
- 中小ビル

電力自由化前の一般家庭の電気料金は、地域独占でも消費者にとって適正な料金となるよう、また、地域の電力会社が適正な利益を上げられるよう、事前に国のチェックを受けた規制料金でした。いくつかの料金メニューはありますが、選択肢は少なかったといえます。

自由化後は、さまざまな会社がさまざまな料金メニューを提案していますので、携帯電話のように多くのメニューから選ぶことができます。

02 電力システム改革とは

今、なぜシステム改革なのか？

東日本大震災のときに、電気が足りなくなるかもしれないと心配されていたことは記憶に新しいでしょう。このことをきっかけに、地域の10電力会社が地域独占してきたしくみを、大きく変えることにしたのが電力システム改革です。

その目的は三つあるといわれており、そのための改革が進められています。

● 目的 1 安定して電気を送り届ける

60Hz

50Hz

地域を越えた
電気のやりとりを活発に

●目的 2 電気料金をできるだけ抑える

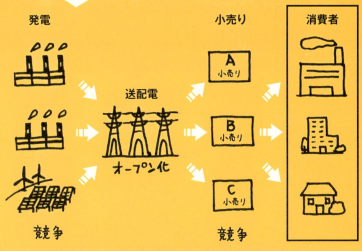

競争を促進してコストを削減

●目的 3 消費者の選択肢を増やす

電気の小売り全面自由化

02 電力システム改革とは

段階的に進められる改革

電力システム改革は、段階的に進められることになっています。

2015年には、新しいしくみの「司令塔」であり、「番人」ともなる新しい二つの機関を設立しました。電力広域的運営推進機関と、電力・ガス取引監視等委員会です。

2016年4月に迎えたのがいわゆる「電力自由化」です。ここで、一般家庭も含めたすべての消費者が、電気の購入先を選べるようになりました。そして2020年4月には、地域の10電力会社が会社形態を変えることになっています。

▶ P.20「広域機関って何をするの?」参照
▶ P.26「電力・ガス取引監視等委員会とは?」参照

[2015年 新しいしくみの番人が誕生]

・電力広域的運営推進機関　・電力・ガス取引監視等委員会

1 電力自由化が家庭にやってきた

[2016年4月 電力小売りの全面自由化！]

うちも電力会社を選べる！

[2020年予定 電気を送るネットワークを公平に使えるように]

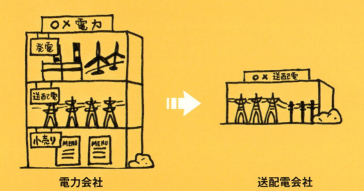

電力会社　　　　　送配電会社

別会社に（発送電分離）

02 電力システム改革とは

広域機関って何をするの?

2015年4月に新しく設立された電力広域的運営推進機関(広域機関)は、地域を越えた電力のやりとりを円滑にするための司令塔役です。

将来の電気需要に見合うだけの発電設備が整っているかどうかを全国規模で監視するとともに、全国の電力ネットワーク設備を建設する計画の取りまとめをしたりしています。

● 需給計画・系統計画の取りまとめと 広域的な運用の調整

また、地域を越えた電力のやりとりを調整したり、東日本大震災のような災害が起きて電気が不足するようなときには、余裕のある発電所に発電をさせ、不足している地域に送るように指示したりします。

● **緊急時の電力供給対応の指示**

02 電力システム改革とは

電気事業は三つのライセンスに

● 発電・送配電・小売りに区分

2016年4月から、電気事業を行う事業者の法律上の区分が新しくなりました。

発電所で電気を作る発電事業者、ネットワークを使って電気を送る送配電事業者、電気を調達してきて消費者に売る小売電気事業者と、大きく3種類の事業者に分けられます。

それぞれの事業区分ごとに国からライセンスを受け、規制を受けることになります。

● 消費者が電気を買うのは小売電気事業者から

　一般家庭などの消費者は、三つの事業者のうち小売電気事業者から電気を買うことになります。

　小売電気事業者は、自分たちで発電するか、または他の発電事業者から電気を買ってきて、消費者に電気を売ります。地域の電力会社のほかに、ガス会社、携帯電話会社、石油会社、商社など、さまざまな業種の企業が電気の販売を始めていて、自社のサービスと組み合わせたり、料金メニューを工夫して販売しています。

02 電力システム改革とは

地域の10電力会社はどう変わる？

　電気をつくる発電所、電気を送るためのネットワーク設備など、電気を供給するのに必要な設備をすべて自前で持っている地域の電力会社は、2016年4月の全面自由化前まで、法律上は**一般電気事業者**と呼ばれてきました。

　今回の電力システム改革によって、地域の電力会社は、新しい事業区分に従い、発電事業者、送配電事業者、小売電気事業者の三つのライセンスを取得しています。

　ただし、購入先を変えずに今までと同じ料金で電気を買い続けたいという消費者に対しては、当分の間、自由化前からの規制された料金メニューで売らなくてはなりません。このように地域の電力会社は、新規参入した小売電気事業者とは違う役割を担っているため、小売部門については、現在のところ「みなし小売電気事業者」と呼ばれています。

　また、2020年4月には、地域の電力会社の送配電部門を法的分離（発送電分離）することが決まっています。

1 電力自由化が家庭にやってきた

● 地域の10電力会社

三つのライセンスを持っています

発電事業

送配電事業

小売電気事業

02 電力システム改革とは

電力・ガス取引監視等委員会とは?

電力・ガス取引監視等委員会※とは、電力、ガス、熱供給の自由化に当たり、市場における健全な競争を促すために2015年に設立された、経済産業大臣直属の組織です。自由化後の電力やガス、熱供給の事業における取引が適正かどうかの監視をするほか、電力やガスのネットワーク部門の中立性確保へ向けたルールづくりやその遵守状況のチェックなどを行います。

具体的には、小売電気事業者の登録などにおける審査を行って経済産業省に意見を述べたり、事業者に対して立ち入り検査や業務改善勧告などを行う機関です。

電力自由化で電気を選ぶ立場になった消費者から見ると、契約の際にトラブルが発生した場合に、相談に乗ってくれる機関でもあります。

本書でもたびたび登場するので、覚えておきましょう。同委員会のホームページには、気をつけたい事例なども書かれているので、一度、目を通しておきましょう。

※設立時は「電力取引監視等委員会」

02 電力システム改革とは

法的分離って何？

　電力システム改革のポイントの一つは、電気を送るためのネットワーク設備を、発電事業者や小売電気事業者ができるだけ公平に使えるようにすることです。そこで、2020年4月までに、地域の電力会社の送配電事業の部門を、発電と小売りの事業部門から切り離して別の会社組織にすることになっています。これが発送電分離です。

　法人格を分けてしまうやり方なので、法的分離といいます。

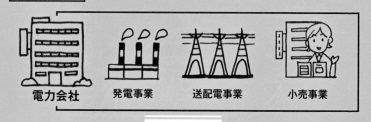

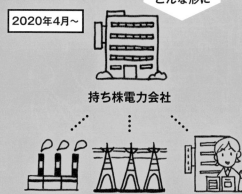

COLUMN
都市ガスも2017年4月から自由化へ

プロパンガス（LPガス）を利用する一般家庭は、ガスの購入先を選ぶことができます。ところが、ガス管がつながっている都市ガスの場合は、企業などの大規模な消費者（年間10万㎥以上）は購入先を選ぶことができても、一般家庭は地域の都市ガス会社からしか購入することができません。ガスを導管で売る都市ガス会社の場合、地域独占であり、料金も国に規制されています。

その都市ガスも、2017年4月には全面自由化されて、一般家庭も新規参入の事業者からガスを買うことができるようになります。これがガスの小売り全面自由化です。

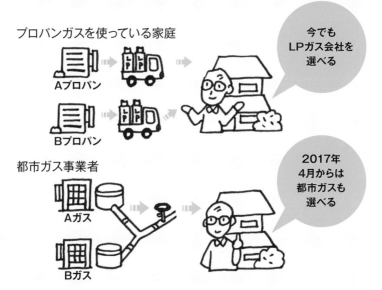

03 電力自由化のメリット・デメリット

電力自由化は何をもたらすか

● 家庭や商店でも電力を選べるようになる

電力自由化の最大のメリットは、さまざまな電力会社の電気料金メニューを比較して選べるようになることです。

自由化によって、さまざまな会社が電気の小売りに参入することで、安さを追求したメニューや、セット料金などによる割引、ポイント付与などが登場しています。

一方で、結果的に安くならない場合や、選んだ会社が倒産するなどの可能性もないとはいえません。

● メリットがある人とない人に分かれる

　電力自由化でメリットを最も受けるのは、実は電気を大量に使っている人です。電力会社の新しいメニューを見ると、電気の使用量が比較的多い消費者がおトクになるものが多いようです。

　反対に、あまり電気を使わない人は、たくさん使う人に比べて自由化のメリットが小さくなったり、損になるケースもあります。

　また、新しく参入する電力会社としても、電気使用量が多いお客さまをまとめて獲得し、最大の利益を上げたいところです。このため、魅力的なサービスが都市部に集中することが考えられ、サービスに地域差が出てくるかもしれません。

03 電力自由化のメリット・デメリット

● 停電が増える・・・ことはない

電力が自由化されたからといって、ある電力会社から電気を買うと停電しやすい・・・ということはありません。どの発電所の電気も、一度、地域の電力会社（一般送配電事業者）の送配電ネットワークを経由して送られてくるからです。送配電ネットワークでは、電気の品質が一定になるよう調整しているため、どこの電力会社の電気でも品質は変わりません。

なお、電気の周波数は東日本が50ヘルツ、西日本が60ヘルツと異なりますが、周波数は変換されるので、例えば東京電力の電気を関西地域で購入しても、60ヘルツで提供されます。

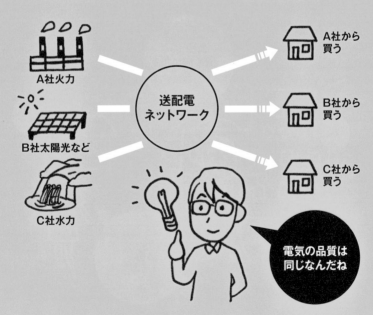

● 温暖化対策などが難しく

　電力自由化が進むと、発電設備は比較的導入しやすい電源に偏りがちです。現在でも、新電力の電源の多くは火力発電ですし、今後の発電所建設計画を見ても、石炭や天然ガスを燃料とする火力発電所がほとんどです。

　こうした電源計画がすべて実現されれば、火力発電所が増加し、二酸化炭素（CO_2）排出量が増加します。地球温暖化問題が深刻化する中で、日本がどう対応するかが問われることになるでしょう。

　また、地球温暖化問題のほか、経済性やエネルギー安全保障を考慮して策定した2030年のエネルギーミックスについても、どう実現するかが課題となるでしょう。

▶ P.34「電気はエネルギーミックスで」参照

03 電力自由化のメリット・デメリット

|||| COLUMN ||||

電気はエネルギーミックスで

- 2030年度の望ましい発電方法の組み合わせ（エネルギーミックス）

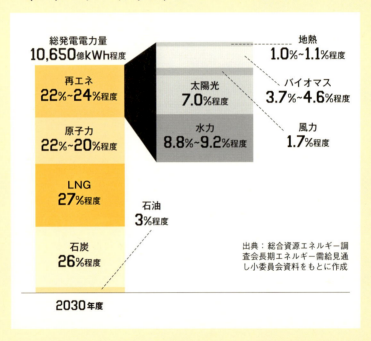

出典：総合資源エネルギー調査会長期エネルギー需給見通し小委員会資料をもとに作成

普段利用している電気は、石油や石炭、天然ガスなどを燃焼して発電している火力発電のほか、ウラン燃料の核分裂の熱を利用する原子力発電、水の力を利用する水力発電、太陽光発電、風力発電、地熱発電などによって供給されています。

　電気はためられないため、時々刻々変化する消費量に合わせて発電をしています。電源ごとの特性、例えば発電コストや二酸化炭素排出量、発電量の調整のしやすさなどを考慮し、コストを抑えるように組み合わせて発電しています。

　電気は現代社会の最も重要な基盤。安定的かつ低コスト、環境にも優しい電気の確保はとても重要な課題です。エネルギーミックスとは、この条件を満たすエネルギー構成のことをいいます。

　政府は2015年7月、2030年度を目標とするエネルギーミックスとして、2030年度の望ましい電源構成を左の図の通り発表しました。

　ただし、この数字はあくまで目標。電力自由化に伴い、発電事業ではコスト競争力のある石炭火力発電所の計画が多くなっています。この数字をどうやって実現していくかは、今後の課題となっています。

電気の
新しいカタチを知る

　電力自由化で、さまざまな会社が電気のサービスを提供し始めています。携帯電話やガスとセットだったり、ガソリンが安くなったり、寄付ができたり、地元産の電気だったり。こうした動きに対抗して、地域の電力会社も、ポイントカードと提携したり、地域を活気付けるサービスや見守りサービスなどを展開しています。

　今、どんな動きがあるのか、そして、これからどんなサービスが登場するのか、自由化後の電気の新しいカタチを見てみましょう。

04 電気のサービスはどうなるの？ ➡ P38
05 新しい電気料金の傾向は？ ➡ P42
06 地域の電力会社の動き ➡ P48
07 こんなサービスはある？ ➡ P54

04 電気のサービスはどうなるの?

数多くの電力会社が誕生

電力自由化により、すでに数百社の小売電気事業者が誕生しています。多様な業種からの新規参入が相次ぐ中、ガス、通信などインフラ系事業者による営業力を生かした積極展開が目立ちます。

ガス会社

都市ガス、LPガスなど多くのガス会社がガス料金とのセット販売を展開中。地域の顧客との接点や自社の発電所を生かす戦略です。

通信・CATV会社

通信系の事業者が数多く参入しています。固定電話や携帯電話、スマートフォン、インターネット、ケーブルテレビなどとのセット販売を展開中。通信サービスなどでの顧客管理などのリソースが使えるのも有利です。

商社

自前の発電所を持つ総合商社やコンビニエンスストアのポイント連携などのメニューで参入。寄付を含んだメニューも登場しています。

石油元売り

ガソリンとセット割引。電気とセットにするとガソリンを割引したり、自社で発電所を持ち、低価格戦略を打ち出している会社もあります。

鉄道・旅行会社

鉄道会社が沿線住民をターゲットに参入。クレジットカード決済で定期券購入ポイントなどを付与するサービスを行っています。また、旅行会社も参入しています。

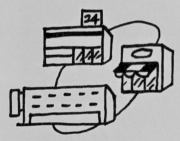

その他

業務用の高圧電力販売などで実績のある新電力や、賃貸住宅会社やスーパーマーケットと連携して電力小売りを展開する会社のほか、電源にこだわった電力会社や地域密着型の電力会社も登場しています。

04 電気のサービスはどうなるの？

電気料金は多種多様に

● 規制料金から自由料金へ

2016年3月まで、一般家庭の電気料金は、国のチェックを受けた料金でした。これを規制料金といいます。一方、小売り全面自由化が始まった2016年4月以降に、新しい電力会社や、地域の電力会社から提供される電気料金は、国の規制を受けない自由料金となります。自由料金では料金を上げるのも下げるのも電力会社次第で、国のチェックは入りません。多くの会社が参入し、さまざまな電気料金メニューが誕生しています。

● 切り替えない場合は従来の契約が継続される

2016年4月以降、電力会社や電気料金メニューの変更をしない場合、地域の電力会社と自由化前まで契約していたメニュー（従量電灯Bなど）が自動的に継続されます。

自動的に継続される自由化前の電気料金メニューのうち、従量電灯などの標準的な規制料金メニューは、競争が進むまでの当分の間、維持されることになっています。正確には地域の電力会社の「特定小売供給約款」に記されたメニューです。これらのメニューでは新たに電気を使い始めるときに選ぶこともできますし、電力会社を切り替えた後で、再度戻ることも可能です。

ただし、特定小売供給約款には、自由化前にあったオール電化住宅用の料金メニューや季節別時間帯別料金メニューなどはありません。自由化前に契約していた人はそのまま継続利用できますが、新たに契約を結ぶ場合は、自由化後にできた電気料金メニューの中から自分の使い方に合ったものを選ぶことになります。

COLUMN

電気料金の基本を知ろう

新しい電力会社の多種多様な料金メニューも、実は、従来の電気料金をベースに設計されています。まず、電気料金の基本的なしくみを把握しておきましょう。

月々の電気料金は、地域によって使用する電気の容量（アンペア＝A）で決まる「**基本料金制**」か、一定の使用量まで定額の「**最低料金制**」に分かれます。一般的に電気料金は、この「基本料金（最低料金）」と電気の使用量（kWh）によって計算される「**電力量料金**」の組み合わせで計算されます。

電力量料金は、使用する電力量に応じて料金単価が3段階に分かれ、使用量が多くなるに従って単価が高くなっていきます。経済的に余裕のない人も電気が利用できるようにしているのです。

電力量料金では、使用量に応じ「**燃料費調整額**」が加算または差し引かれます。さらに、使用量に応じた「**再生可能エネルギー発電促進賦課金**」が加算されます。

自由化後に登場した電気料金メニューでは、全く同じしくみのもののほか、電力量料金単価が2段階のものや、基本料金がないものなど、異なるしくみのメニューも登場しています。

P.60「再生可能エネルギー固定価格買取制度（FIT）とは？」参照

● 電気料金のしくみ（従量電灯）

電気料金 ＝ 基本料金（もしくは最低料金） ＋ 単価（3段階）電力量料金 ± 燃料費調整額 ＋ 再エネ賦課金

05 新しい電気料金の傾向は?

セットやポイントでおトクに

電力自由化による他業種の参入や企業間の提携により、多種多様なサービスが生まれています。安さで勝負の電気料金メニューや、セット割引、ポイント付与などのメニューがあります。また新しい体系の電気料金も登場しています。

● **セット割引にも多彩なサービス**

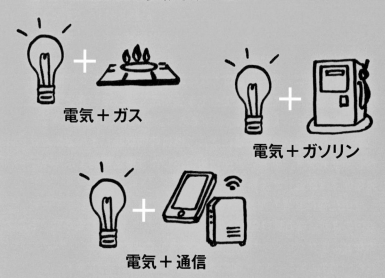

電気＋ガス

電気＋ガソリン

電気＋通信

ガス、通信、石油元売りなど異業種の参入により、各社の強みを生かした「セット割引」が登場しています。ポイント付与やキャッシュバック、通信料金ではデータ通信量で還元されるなど、セット割引といっても多彩なサービスがあります。ただし、セット割引は契約期間の設定によっては解約による違約金が発生する場合があるなど、契約時の注意が必要です。

● 電気料金の支払いでポイントがたまる

「Tポイント」「Ponta」「dポイント」など、各種のポイントカードと提携し、電気料金の支払いによりショッピングなどで使えるポイントをためられるサービスも登場しています。独自のポイントサービスを行っている電力会社もあります。

ポイントの還元は、電気料金の割り引きと見ることもできるため、よく使用するポイントカードがあるなら、一考の余地はありそうです。

05 新しい電気料金の傾向は？

電気料金がおトクに

セット割引やポイントもいいけれど、やはり電気料金が安くなることが一番大事。新しい料金体系も登場しているので、しっかりとチェックしましょう。

● とにかく安さで勝負

地域の電力会社が提供する電気料金の水準からさらに安くすることに特化した料金。「○％オフ」にするなどの単純なものから、最も電力量料金単価の高い３段階目をターゲットに、割安な単価にしている会社もあります。

基本的には電気の使用量が多い人ほどおトクになります。このため、月間電力使用量が300kWh程度に達しないと、メリットが得られない場合も。会社によっては契約のアンペア数が30A以上などの条件を付けているケースもあります。

● 新しい料金のしくみも

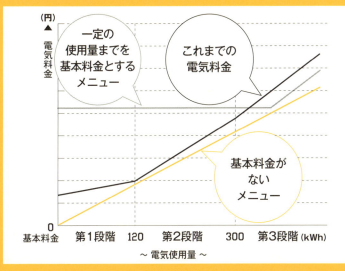

　一定の使用量までを定額の基本料金として、それ以降の電力量の料金単価を一定とするメニューや、基本料金または最低料金が無料で電力量料金のみのメニュー、基本料金が変動するメニューなど、新しいしくみの料金が登場しています。新しい電力会社だけでなく、既存の電力会社でも新しいしくみの料金メニューを提供しています。こうした料金を選んだ場合、以前の料金と単純には比較しづらくなります。自分がどんな使い方をしているかをよく考えておきたいですね。

05 新しい電気料金の傾向は？

その他の新しいサービス

電力利用を地域の活性化につなげるため、各地でさまざまなサービスが登場しています。地元を元気にしているサービスを探してみましょう。

● 市民電力

九州・福岡県みやま市のみやまスマートエネルギーや、山形県のやまがた新電力など、地域の電源を集めて、地域の住民に使ってもらう新しい電力会社が続々誕生。地域活性化にもつながるかも。

● 地元応援型

中国電力は地元プロ野球球団の広島東洋カープと提携し、成績によってポイントがたまったり、抽選などでチケットなどがもらえるという料金メニューを提供しています。この他、東北電力でもポイントサービスを導入。たまったポイントを地元振興や復興に役立てる寄付メニューを用意しています。

● 地域密着型

　地元のスーパーが電気を売り、契約者には卵パックをプレゼント、といったサービスを開始。大手スーパーも参入しており、スーパーマーケットの新しいビジネススタイルが登場したといえるでしょう。

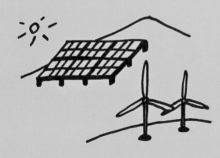

● 再エネ重視型

　再生可能エネルギーの比率が高いことを強調する電気料金メニューも登場しています。ただし、再生可能エネルギー固定価格買取制度（FIT）で認定されている設備の場合は、すでに電気の利用者全員でコストを負担し、環境価値も分配されていることに注意しましょう。

06 地域の電力会社の動き
電気料金メニューに新しい風

　地域の電力会社は、従量電灯など2016年3月までの契約(規制料金)を2016年4月以降も継続していますが、全面自由化に合わせて新料金プラン(自由料金)を設定しています。電気の使い方によっては新規参入の電力会社よりおトクになるメニューもあります。地域の電力会社の新料金メニューも要チェックです。

● 料金のしくみを変えた！

　一般的な電気料金といえば従量電灯です。基本料金または最低料金に、電気の使用量にあわせた電力量料金の二つで構成されています。電力量料金は、電気の使用量に合わせて3段階で単価が上昇するものでした。

　地域の電力会社では、自由化後、従量電灯に代わる電気料金メニューを提供しています。新しい料金では、電力量単価の上昇を2段階としたもの、単価が上昇する使用量の区切りを変えたもの、基本料金（または最低料金）をなくして一律の電力量単価としたもの、使用した電気の最大値（W）で基本料金が変化するものなど、従来にないしくみのメニューも登場しています。

多様化する料金メニュー

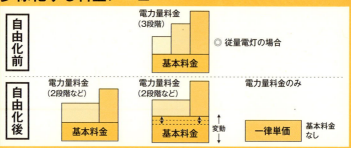

● 季時別料金の充実や節電料金も

　地域の電力会社は、自由化前から従量電灯とは別に、季節や昼のピーク時間帯、深夜帯などで電力量料金単価を変化させる季節別時間帯別料金メニューを用意していました。オール電化住宅に住む人、夜型の生活をする人や、工夫して洗濯機や食器洗い機などを深夜に使用したりする人にとってはおトクなメニューです。

　地域の電力会社には、自由化後に、この季節別時間帯別料金を拡充している会社もあります。冬季の暖房器具が使用しやすくなったり、時間帯や季節だけでなく休日も割安になるメニューなどを用意しています。

　このほか節電すると料金を割り引くサービスを提供する会社も登場しました。

時間帯別料金メニューの例

06 地域の電力会社の動き

付帯サービスも充実

● ウェブサービスへの登録でポイント付与

　地域の電力会社の中には、「Tポイント」「Ponta」「WAON」「dポイント」「楽天ポイント」などのポイントカードと提携して、月々の電気料金でポイントを付与するサービスを開始しているところもあります。

　また、多くの会社が自社のウェブサービスへの入会を条件に、電気の使用量に応じてたまる独自のポイント制を導入しています。ポイントは商品・旅行券、地元名産品への交換やプレゼント応募のほか、電気料金の支払いに充てられるところもあるので、チェックしましょう。

　なお、ウェブサービスを利用すると、毎月の電気使用量や料金が把握でき、スマートメーターであれば時間単位の電気の使用状況も把握できます。

● 地域密着型のサービスも展開

　地域の電力会社の特性を生かし、電気、水回り、防犯などのトラブルへの駆け付けサービスのほか、一人暮らしの親の異常を電気の使用量から検知し、離れて暮らす家族に知らせるサービスを開始した会社もあります。割引などの料金面では表せない、地域密着型の付帯サービスです。

ポイントサービスを提供する会社も

電気のトラブル、駆け付けます！

06 地域の電力会社の動き

従来の枠を超えて

● 他の地域でサービスを開始

　首都圏、中部圏、関西圏を中心に、他の地域の電力会社も電気の販売を開始しています。電力会社の切り替え時には、他の地域の電力会社の料金メニューも選択肢の一つになっています。

**地域の電力会社も
他地域に参入**

● 他業種との提携により、サービスも幅広く

　ポイントサービスをはじめ、ガスや通信会社などの新規参入の電力会社の中には、地域の電力会社と提携してサービスを提供しているところもあります。

　また2017年4月に予定されているガス自由化に伴い、都市ガス事業への参入を検討する電力会社も出てきています。電力会社が提供する電気とガスのセット割引も登場しそうです。

異業種と提携

07 こんなサービスはある？

デマンドレスポンスとHEMSで電気代削減？

● 家電とネットワークでつなぐHEMS

家中の家電をネットワークでつなぎ、管理することができるHEMS（Home Energy Management System ＝ホーム・エネルギー・マネジメント・システム）。エアコン、照明、テレビ、冷蔵庫などから電気の使用量のデータを取り、家庭の電気の「見える化」を実現します。

ハウスメーカーや家電メーカーなどが、省エネ・節電のツールとして提供しています。

● HEMS 導入のイメージ

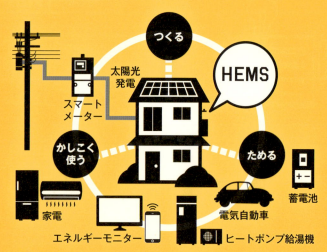

● デマンドレスポンスメニューも登場

デマンドレスポンスとは、電力の需給逼迫が予想されるピーク時間帯（平日の昼間）などに、需要を削減して調整することを指します。例えば、電気が足りなくなりそうなときは料金を高くしたり、節電した分だけ割り引くようにします。需要（デマンド）を発電量に応答（レスポンス）させるので、デマンドレスポンスと呼ばれます。

北陸電力は、夏季ピーク時間帯などでメールによる節電要請に応じた場合、料金割引が受けられる新メニューの提供を開始しました。電気料金メニューとしては国内初のデマンドレスポンスメニューです。自由化が進むにつれ、このようなメニューが増えるかもしれません。

また、将来的にはHEMSとデマンドレスポンスメニューを組み合わせて、節電の必要があるときなどに家電が自動制御されるようなサービスが登場するかもしれませんね。

● デマンドレスポンスのサービスイメージ

07 こんなサービスはある？
家族の電気代をまとめたい

> 2 電気の新しいカタチを知る

　携帯電話の「ファミリー割引」「家族割引」のような家族の電気料金をまとめるプランは現在のところ見当たりません。一人1台の携帯電話と異なり、電気は一家に1契約なので、そのようなニーズが少ないのかもしれません。

　ただし、一人暮らしをしている子どもや、実家、別荘などの電気料金をまとめて払いたいという人もいるかもしれません。

　地域の電力会社の中には見守りサービスや駆け付けサービスを開始したところもあるので、将来的には、スマートメーターのデータなども利用して、離れて住む家族の見守りと電気料金の支払いを融合するようなサービスが生まれる可能性もあります。

07 こんなサービスはある?

電源は選択できる?

　一般的に電気は、火力発電、原子力発電、水力発電、太陽光発電、風力発電などさまざまな電源からの電気が送配電ネットワークで混じり合って家庭まで届けられます。ですから本来の意味で「100%○○の電気」は存在しません。

　電力会社の中には、電源を開示している会社もあります。開示された電源構成は、その電力会社が今後1年間、どのような電気を調達して消費者に届ける計画を立てているか、または過去にどのような電気を調達してきたかを示すものです。計画通りに調達できないこともあるので、実際に届く電気の電源構成を保証するものではありません。

　また、特徴的な電源構成を示していても、燃料価格の変動を電気料金に反映させるしくみの燃料費調整額には、地域の電力会社と同じ数字を使っている会社もあるのが現状です。その意味で、開示されている電源構成は、電力会社の「姿勢」を示すものといえるでしょう。

　このような理由から、このテーマに対する答えは、「電源は選択できない」なのですが、電力会社の姿勢を評価して選ぶのも、選び方の一つではあります。電源構成を基準に電力会社を選んだ場合は、電力会社が翌年公表する実績も、しっかり確認しておきたいですね。

● 電源開示の例

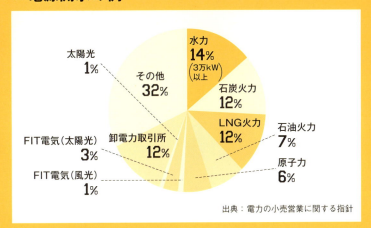

出典:電力の小売営業に関する指針

● FIT電気と再生可能エネルギー

電源開示の例の項目には、再生可能エネルギーが2種類記載されています。FIT電気とFIT電気以外の再生可能エネルギーです。

FIT電気とは、再生可能エネルギー固定価格買取制度(FIT)に認定された発電設備からの電気です。制度上、全消費者の負担で設置されていることから、環境価値はないとされます。

一方、FIT以外の再生可能エネルギーは環境価値が認められています。

▶ P.60「再生可能エネルギー固定価格買取制度(FIT)とは?」参照

● 卸電力取引所

日本卸電力取引所(JPEX)から調達した電気という意味です。JPEXはその名の通り、卸電力の市場です。市場で取引される電気の電源は、実際には石炭火力が多い傾向があります。

07 こんなサービスはある?

|||| COLUMN ||||

再生可能エネルギー固定価格買取制度(FIT)とは?

● 電気を使う人全員で支える再生可能エネルギー

　FITは太陽光、風力、中小水力、地熱、バイオマス(間伐材など生物由来の資源)のいずれかで発電した電気を、電力会社が決まった金額で買い取ることを約束する制度です。高コストな再生エネルギー発電について、設備の建設費用を回収しやすくすることで、参入や普及の拡大を後押ししています。買い取りにかかったお金は、「再生可能エネルギー発電促進賦課金」として電気を使った量に応じてすべての人や会社が負担しています。

● FIT電気に環境価値はない

　FITで仕入れられた電気は、他の方法でつくった電気と混ざりあって使う人のもとに届きます。環境価値は賦課金を負担したすべての人に帰属し、二酸化炭素（CO_2）排出量も原子力発電や火力発電などを含む全国平均の電気と同じとみなされます。FITで仕入れた量の電気を「FIT電気」として販売している会社もありますが、FIT抜きの再生可能エネルギー発電による電気と違い、環境面の価値はありません。このため、「クリーン」「環境に優しい」と強調して売ることはできないとされています。

再生可能エネルギーの固定価格買取制度（FIT）のしくみ

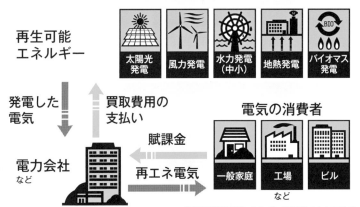

経済産業省資源エネルギー庁資料をもとに作成

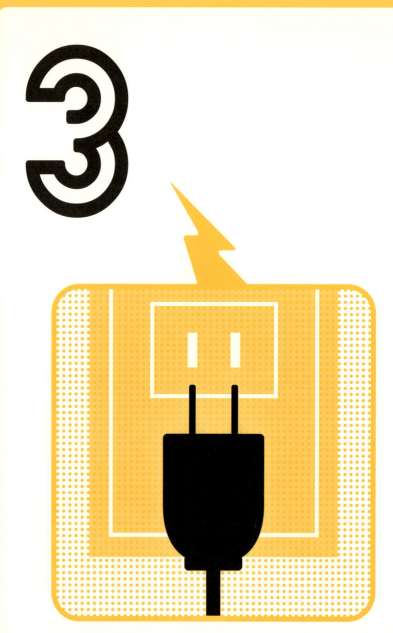

賢い電気の選び方

電気を選ぶにはどうすればいいのでしょう？

あまりに多いメニューの中で迷ってしまう人は多そう。家族会議を開いたら、「携帯代が安くなるなら携帯電話とのセットメニューがいいかも？」「ガス会社とのセットメニューも魅力的ね」「自動車を毎日使うから、ガソリンが安くなる石油会社のメニューがいいんじゃないか」「そもそも電気を使いすぎなのよ」などなど、一家騒然となりそうです。

しかし、ライフスタイルに合わない電気料金メニューだと、かえって電気代が高くなってしまうことも。失敗しないために、選び方のポイントを押さえておきましょう。

- 08 電力会社や料金を選ぶ方法 → P64
- 09 電力会社を変更する手順 → P86
- 10 電気を選ばないとどうなるの？ → P96
- 11 ウチでも電気を選べるの？ → P98
- 12 省エネだけでも電気代は安くなる → P116
- 13 電気代は必ず安くなる？ → P124

08 電力会社や料金を選ぶ方法

検針票を確認する

　電気料金メニューを検討する上で大切なのは、現在の電気の契約や使用量を把握することです。「電気ご使用量のお知らせ」(検針票) を探して詳しく見てみましょう。

　1年分の検針票がお手元にあるとよいのですが、比較サイトや電力会社によっては、1カ月分の検針票から1年間の使用量を推測してくれるサービスもあるので、まずは1枚、探し出しましょう。

東京電力の検針票（基本料金制・従量電灯）

● 検針票の読み方①(基本料金制)

① 供給地点特定番号
電気の供給先を特定する、電力ネットワーク上の「住所」です。契約を変更するときに必要になります。

② 1カ月の電気の使用量
電気料金の契約を変更する場合のカギとなる数値です。最低でも月250〜300kWh程度を使用していないと、契約変更してもおトクにならない可能性があります。月ごとに電気の使用量が異なることにも注意しましょう。

③ 請求予定金額（電気料金）
自宅の電気料金水準はきちんと把握しておきましょう。

④ 請求予定金額の内訳
基本料金制の従量電灯の場合、基本料金、各段階別の電力量料金と燃料費調整額、再エネ発電賦課金が示されます。燃料費調整額は燃料価格の変動を電気料金に反映させるしくみで、新規参入の電力会社も多くが導入しています。なお、再エネ発電賦課金の単価は各社とも一律で、割引はありません。
▶ 電気料金についてはP.41「電気料金の基本を知ろう」参照

⑤ 契約種別
東京電力の場合、家庭用で最も一般的な契約が「従量電灯B」です。

⑥ 契約アンペア
基本料金制の地域では、契約アンペアによって基本料金が決まります。アンペアが大きいほど、同時に使える電気製品が増えます。

⑦ お客さま番号
電力会社への問い合わせや契約変更時に必要となる番号です。

08 電力会社や料金を選ぶ方法

関西電力の検針票（最低料金制・従量電灯）

● 検針票の読み方②(最低料金制)

① お客さま番号
契約している電力会社の顧客番号です。問い合わせなどの際に必要です。

② 供給地点特定番号
電気の供給先を特定する、電力ネットワーク上の「住所」です。契約を変更するときに必要になります。

③ 契約種別
関西電力の場合、家庭用で最も一般的な契約が「従量電灯A」です。

④ 1カ月の電気の使用量
電気料金の契約を変更する場合のカギとなる数値です。最低でも月250〜300kWh程度を使用していないと、契約変更してもおトクにならない可能性があります。月ごとに電気の使用量が異なることにも注意しましょう。

⑤ 請求金額(電気料金)
自宅の電気料金水準は把握しておきましょう。

⑥ 請求予定金額の内訳
従量電灯の場合は、最低料金、各段階別の電力量料金と燃料費調整額、再エネ発電賦課金が示されます。最低料金制の場合、最初の15kWhまで定額となっています。左の検針票の場合、最低料金373円73銭が15kWhまでの料金で、15kWhを超えた電力量については、使用量に応じて3段階の料金単価が設定されています。この検針票では第1段階に収まる使用量のため1段料金のみ表示されていますが、使用量がより多くなれば、2段、3段の料金も表示されます。燃料費調整額は燃料価格の変動を電気料金に反映させるしくみで、新規参入の電力会社も多くが導入しています。なお、再エネ発電賦課金の単価は各社とも一律で、割引はありません。

▶ 電気料金についてはP.41「電気料金の基本を知ろう」参照

08 電力会社や料金を選ぶ方法

東京電力の検針票(オール電化住宅向けメニュー)

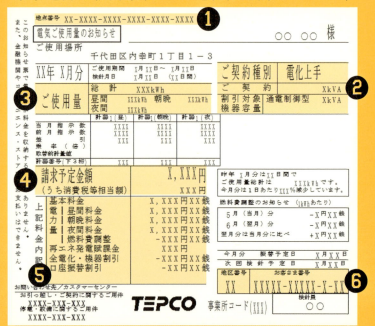

※東京電力の「電気上手」は自由化前のオール電化住宅向けメニューです。現在、「電化上手」メニューの新規受付は行っていません。
※地域の電力会社が自由化前に提供していた旧オール電化住宅向けメニューは割引率が大きいため、契約を変更すると従来より割高になる可能性が高いので注意しましょう。
▶ P.102「オール電化住宅に住んでいる」参照

● 検針票の読み方③(オール電化住宅向けメニュー)

① 供給地点特定番号
電気の供給先を特定する、電力ネットワーク上の「住所」です。契約を変更するときに必要になります。

② 契約種別
従量電灯の場合はA(アンペア)で契約しましたが、オール電化住宅用の料金メニューの場合は受電容量や電気使用量が多いため、kVA(キロボルトアンペア)の契約になります。割引対象機器とされている通電制御型機器とは、夜間に通電するよう制御されているエコキュートや電気温水器、蓄熱式暖房などを指します。通電制御型機器の容量や電力量に応じて割引があります。

③ 1カ月の電気の使用量
オール電化契約の場合、時間帯別に電気料金が設定されているため、それぞれの使用電力量が示されます。他の時間帯別メニューも同じです。

④ 請求予定金額(電気料金)
自宅の電気料金水準は把握しておきましょう。

⑤ 請求予定金額の内訳
オール電化住宅向けメニューの場合、電力量料金単価が時間帯別に昼間、朝晩、夜間と分かれており、昼間が高く、夜間が安く設定されています※。季節によっても単価が変わります。さらに蓄熱機器の容量や電力量料金全体に割引が適用されます。燃料費調整額や再エネ賦課金については従量電灯と同じです。
※他の時間帯別メニューでも複数の電力量料金単価が設定されています。

⑥ お客さま番号
電力会社への問い合わせや契約変更時に必要となる番号です。

08 電力会社や料金を選ぶ方法

電力会社のウェブサービスで使用量をチェック

　地域の電力会社は、ウェブ上で電力使用量を確認するサービスを提供しています。1年分の電力使用量や電気料金はもちろん、他社との比較などを閲覧できます。

　地域によって内容は異なりますが、ポイントがついたり、おトクなサービスもあります。興味のある方は登録してみるとよいでしょう。

● **各月の電気使用量グラフ（例）**

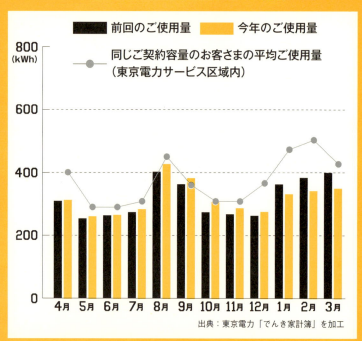

出典：東京電力「でんき家計簿」を加工

● プロフィールが近い人との比較シミュレーションができる

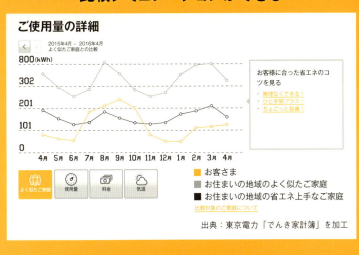

出典：東京電力「でんき家計簿」を加工

● スマートメーターなら1時間ごとの電気使用量が一目瞭然

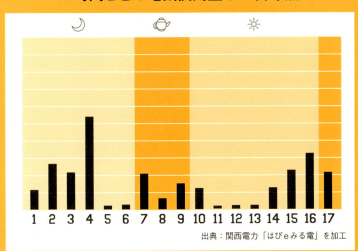

出典：関西電力「はぴeみる電」を加工

08 電力会社や料金を選ぶ方法

自分の生活を見直してみる

どんなときにどんなふうに電気を使っているのか、あなたの生活パターンをあらためて見直してみましょう。

ずっと誰かが家にいる

いつも家に人がいる家庭の場合、電気使用量は多くなりがちです。ガスや灯油を使っている場合は総合的に考えて。

昼は家に誰もいない

夜しか電気を使わない生活であれば、夜の単価が安い時間帯別料金の選択を検討するのもよいでしょう。

ペットを飼っている

人がいない間もエアコンなどを動かして、使用量は多くなりがち。スマートメーターやHEMSを導入すれば、時間帯別の使用量が分かります。

オール電化住宅に住んでいる

オール電化メニューは優遇されているので、変える必要はないかも。でももう一度、電気の使い方をチェックしてみましょう。

ドライブによく出かける

日常的に自動車を使うのであれば、電力小売りに参入している石油会社のメニューをチェックしてみては？

余剰電力を売電している

太陽光発電で余剰電力を売電している場合、買っている電気は少ないかも。買電・売電双方をチェック！

どんな家電を使っている？

さまざまな家電のアンペア、購入時期、使い方などを把握しましょう。電気使用量だけでなく、契約アンペアや契約内容にも関係します。

節電を徹底している

震災後に節電が身についたという人は多いはず。使用量が少ないと、契約変更のメリットは出ないかも。

08 電力会社や料金を選ぶ方法

電気料金比較サイトで比較してみる

　数百社にのぼる電力会社の多様な電気料金メニューから、あなたにとってベストなサービスを見つけるのは至難の業。まずは電気料金の比較サイトを利用してみましょう。

　家電などの価格比較サービスで有名な「価格.com」、エネルギー比較に特化した「エネチェンジ」などがあります。電力会社の中にはホームページ上で、メニューを比較できるコーナーを用意しているところもあります。

● 価格.com

http://kakaku.com/energy/

GO! ACCESS!

● 比較サイトの使い方

① 検針票を用意する

⬇

② 郵便番号や人員構成、
生活パターン、検針票のデータを入力

⬇

③ 比較結果をよく検討する

● エネチェンジ

https://enechange.jp/

GO! ACCESS!

3 賢い電気の選び方

08 電力会社や料金を選ぶ方法

電気料金比較のポイント10

POINT 1 電気料金単独で年間どれだけおトクになる?

やはり気になるのは電気料金単体です。電気だけでどの程度安くなるかチェックしましょう。

POINT 2 セットとなるサービスやポイントを使っている?

携帯電話とのセットは携帯電話会社に限定されます。ポイントも普段使っているものでないとおトクにはなりません。

POINT 3 総合的に年間どれだけおトクになる?

電気単独で、またセット割引やポイントで、どれだけおトクになるかを総合的に考えましょう。

POINT 4 契約期間はある?

契約期間が設定されている場合、途中解約すると違約金が発生する可能性があるので、確認しておきましょう。契約期間の設定がない場合でも、解約時に後日、精算が必要な場合があります。

POINT 5 加入条件はある?

契約者本人や家族が既存サービスを利用していることなどの条件が設定されている場合があります。確認しておきましょう。

POINT 6 支払い方法を確認する

支払い方法を確認しておきましょう。電力会社やメニューによっては、クレジットカード払いのみなど、限定される場合もあります。

POINT 7 サービスエリアを確認する

特定のエリアだけでサービスをしている会社もあります。特に引っ越しの予定がある場合、引っ越し先ではサービスをしていないケースがあるので注意しましょう。

POINT 8 基本料金、電力量料金などの料金構成は?

電気料金は、基本料金で安くなっている場合と、電力量料金で安くなっている場合があります。自宅での使い方を考えて選びましょう。

POINT 9 電源を開示している?

電源を開示している会社もあれば開示していない会社もあります。電源にこだわるのであれば開示している会社に注目しましょう。

POINT 10 見える化サービスを提供する?

地域の電力会社が展開するような電力量確認サービスの提供を考えている会社もあります。スマートメーターでは1日の電気の使い方がチェックできるので、省エネに役立ちます。

08 電力会社や料金を選ぶ方法
有力候補の電力会社のホームページを確認しよう

比較サイトによっておすすめプランが異なることも

● 比較サイトで候補を絞り込む

　比較サイトは、簡単に料金メニューを比較できて大変便利です。しかし、それぞれ独自のアルゴリズムで1年間の電力使用量を推測しているので、1年間の電気料金もサイトごとに変わってきます。このため、検針票の同じ数値を入力しても、おすすめプランが異なる場合もあります。比較サイトでは情報を見比べて候補の絞り込みをしましょう。

● 電力会社のホームページで再度確認

　魅力的な電力会社が見つかったら、電力会社のホームページでもう一度確認してみましょう。比較サイトでは気づかなかったキャンペーンやサービスが詳しく記されている可能性があります。また、その会社の業務内容や経営状態なども調べておくと安心です。

● 最適なプランはあなたにしか選べない

　申し込む電力会社や電気料金が固まったら、もう一度、ライフスタイルを思い返して、ご自身に合った電気料金かをチェックしましょう。あなたに最適なプランはあなたにしか選べません。

08 電力会社や料金を選ぶ方法

小売電気事業者を確認しよう

　電気の小売りを行う電力会社を「小売電気事業者」といいます。地域の電力会社以外の小売電気事業者は国の審査を受け、ライセンスを取得します。ライセンスを取得した会社は、経済産業省資源エネルギー庁のホームページに登録されています。

　しかし、電気の販売は小売電気事業者でなくても可能です。小売電気事業者が他社と代理店契約を結び、自社の商品とセットで電気を販売するようなビジネスが行われています。

　こうした会社は一般的に代理店と呼ばれていますが、実際のビジネススタイルには「取次」「代理」「媒介」などがあります。

　取次の場合、小売電気事業者の電気料金メニューとは別に自社メニューをつくることができます。そして消費者と電気の小売供給契約を結ぶのは取次の会社となります。

　代理の場合は、自社メニューはありますが、消費者と小売供給契約を結ぶのは、小売電気事業者です。

　媒介は小売電気事業者と消費者との間を取り持つだけで、独自メニューはなく、小売供給契約も消費者と小売電気事業者との間で結ばれます。

　このように、電気を販売しているといっても、ライセンスを持っている小売電気事業者以外に、さまざまな会社があります。電気の購入先として考えている会社が小売電気事業者なのか、そうでない場合は、どの小売電気事業者の電気を購入することになるのかを確認しておきましょう。また、その小売電気事業者が登録されているかも、念のため確認しておきましょう。

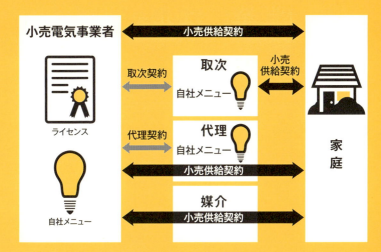

- 登録小売電気事業者一覧
（経済産業省資源エネルギー庁ホームページ）

http://www.enecho.meti.go.jp/category/
electricity_and_gas/electric/summary/
retailers_list/

08 電力会社や料金を選ぶ方法

|||| COLUMN ||||

小売り営業にはルールがある

小売電気事業者は、供給するための電気を確保する義務や、停電など電気に関するトラブルが発生した際には対応しなければならないなどの義務が課されています。

こうした電気の販売におけるルールは「電力の小売営業に関する指針(小売営業ガイドライン)」に詳細に記されています。小売電気事業者は小売営業ガイドラインに従ってビジネスを行わないと、業務改善命令を受けたり登録を取り消されたりしてしまいます。

小売営業ガイドラインには、消費者と契約しようとするときには、料金メニューの詳細など重要事項について書面で説明しなければならないと書かれています。これは、小売電気事業者だけでなく、取次や代理、媒介の会社であっても、同じです。契約の内容についてしっかりとした説明があるかどうかは、電気を選ぶ際の重要な基準になるでしょう。

電気のセールス方法に疑問がある場合は、経済産業省のホームページにある小売営業ガイドラインを読んでみましょう。また電力・ガス取引監視等委員会のホームページには、消費者向けのQ&Aや小売営業ガイドライン違反の事例なども紹介されているので、確認してみましょう。

▶ P.148「小売営業ガイドラインを参考に」参照

- 電力・ガス取引監視等委員会
  http://www.emsc.meti.go.jp/

- 小売営業ガイドライン
  http://www.meti.go.jp/press/2015/01/20160129007/20160129007-1.pdf

08 電力会社や料金を選ぶ方法

電気を選ぶポイントまとめ

1 検針票で使用状況を確認する

料金比較のためには、現状の契約、電気の使用量、電気料金の金額を知っておく必要があります。検針票などを参考に契約プラン、電気の使用量などの確認を。

電気の使用量は毎月変わるので、1年分のデータがあるとベスト。

▶ 検針票の見方は P.64 〜 69 参照

2 ライフスタイルを考えてみる

新しく参入した会社から提供されている電気料金プランの多くは、業種によって特色があり、各種サービスがセットになったものが大半です。都市ガス、LPガス、通信、CATV、ガソリン、ポイントサービスなどがあります。電気料金だけでなく、「光熱費など家計費全体を安くしたい」「よく使うポイントサービスのポイントをためたい」というように、ライフスタイルから選択するのもよいでしょう。

3 地元でサービスしている会社を探す

現在お住まいの地域の電力会社(従来からの電力会社)の供給エリアでサービスしている小売りの電力会社から選びましょう。インターネット上で紹介されていても、提供地域外であれば選択できません。なお、高圧一括受電など、住居によっては電力会社が決まっている場合があります。

4 シミュレーションをしてみる

それぞれの電力会社のホームページには、料金メニューの詳細が書かれているので、計算してみましょう。比較サイトなどでは料金シミュレーションを比較できるので活用しましょう。しかし、料金メニューによっては、必ずしも安くなるわけではないので注意が必要です。セット割引の場合は、ガス、通信など電気料金以外での契約がどうなっているかも検証しておく必要がありそうです。

5 最後に契約内容をじっくり検証

各種の契約条件に注意しましょう。契約アンペアや特定のクレジットカード払い、他の契約加入が条件となっているなど、特別な契約があるケースも考えられます。よくチェックしましょう。

! 契約期間にも注意！

特に長期契約割引（1年割引、2年割引など）やセット割引で契約期間があるものについては、すぐに解約することが難しかったり、解約・メニュー変更で違約金が発生したりする場合があるので、契約時に必ずチェックしましょう。解約ができなかったり、法外な違約金を設定したりする契約は禁止されています。

09 電力会社を変更する手順

STEP.1
供給地点特定番号や
お客さま番号を確認する

　新しい電気料金メニューや電力会社を決めたあとは、新しい電力会社に申し込むだけで、電力会社を変更することができます。変更までの流れを確認しましょう。

　申し込みには、自宅に割り振られている「**供給地点特定番号**」が必要です。2016年1月以降の検針票に記されています。「地点番号」として記されている場合もあります。

　供給地点特定番号は、電気の供給先の「住所」ともいえる数字です。現在契約中の電力会社の「**お客さま番号**」ではありませんので、間違えないようにしましょう。

　なお、電力会社のお客さま番号は本人確認をする上で必要となるので、いずれにせよ控えておきましょう。古い検針票しか見当たらなくて、供給地点特定番号がわからない場合は、少なくともお客さま番号だけは控えておく必要があります。

　また、契約名義が誰になっているかも、念のため確認しておきましょう。

　いずれの情報も検針票に記されています。電力会社の変更を検討しようという人は、検針票を大切に保管しておきましょう。

● 検針票は大切に保管し、重要な内容はメモを

契約名義
電気新夫

供給地点特定番号
12-3456-7890-1234-5678-90XZ

■■電力お客さま番号
AB-12345-67890-C-DE

●●電力の
問い合わせ窓口
03-●●●●-●●●●

09 電力会社を変更する手順

STEP.2
新しい電力会社に申し込む

　新しい電力会社に申し込む際は、電力会社や代理店の窓口に出向いたり、電力会社のホームページからアクセスします。

　インターネットから申し込むと、割引や特典が付いてくる場合もあります。また、インターネットからしか申し込めない場合もあるので注意しましょう。

　インターネット上でサービスの案内があっても、自分の住む地域でサービスしていない場合もあるので、確認しましょう。

● 重要事項は必ず確認しよう

　契約の際に、重要事項については小売電気事業者に説明が義務付けられています。インターネット上での申し込みの場合でも、重要事項について説明文書の提示が義務付けられています。

　重要事項とは、電気料金メニューはもちろん、契約期間や違約金などの有無、供給開始時期、解約の条件、契約更新の取り決め、問い合わせ先などです。

　また、申し込みの相手先が、小売電気事業者なのか、取次や代理、媒介などの事業者なのかを明確にすることも小売営業ガイドラインで求められています。

▶ P.148「小売営業ガイドラインを参考に」参照

● 問い合わせ窓口を確認しよう

　問い合わせをしたり、トラブルが発生したときの場合に備えて、新しい電力会社の問い合わせ窓口を確認し、記録しておきましょう。また、契約時に対応する相手が、代理店など小売電気事業者以外の場合は、最終的に電気を供給する小売電気事業者の問い合わせ窓口もメモしておきましょう。

09 電力会社を変更する手順

STEP.3
スマートメーターへの取り替えを待つ

すでにスマートメーターに変更されている場合は別として、自宅のメーターがアナログ式の場合は、スマートメーターへの取り替えが必要になります。

● アナログメーター

従来の電力量計(メーター)は、内部で円盤が回転して計測するアナログ式のメーターで、通信機能などは付いていないため、月に1回、検針員が巡回し、メーターの数値を読むことで1カ月の電気使用量を計測しています。

スマートメーターへの取り替えは、新しい電力会社が地域の電力会社の送配電部門（一般送配電事業者）に連絡し、実施します。顧客側は何もする必要はありません。また、取り替えのための費用は一切かかりません。

● スマートメーター

※メーターは電力会社、メーカーごとに異なります

スマートメーターは、デジタル計測となる上、通信機能がついていて、30分単位の電気使用量を計測し、一般送配電事業者に自動的に送信します。このデータは、契約している電力会社に送付されます。家の中へデータを送信する機能※も有しています。

＊家でデータを連携して活用する場合は、別途HEMSが必要です

▶ P.94「スマートメーターって何？」参照

09 電力会社を変更する手順

STEP.4
使用開始

電力会社の切り替えを「スイッチング」といいます。

新しい電力会社に申し込むと、広域機関を通して、現在契約中の電力会社や地域の電力会社の送配電部門(一般送配電事業者)に連絡され、一般送配電事業者がスマートメーターを設置します。その後、スイッチングが完了した日から新しい電力会社から電気を買うことになります。

スマートメーターがすでに設置されている場合は、申し込みから数日で、また、スマートメーターへの取り替えが必要な場合は、申し込みから2週間強でスイッチングが可能となります。

正式なスイッチング日は新しい電力会社から通知されます。

▶ P.20「広域機関って何をするの?」参照

※スマートメーターの設置は無料です

● 申し込みから電力会社切り替えまで

09 電力会社を変更する手順

|||| COLUMN ||||

スマートメーターって何？

Q.1 スマートメーターで何ができる？

30分ごとの電気使用量を計測し、内蔵する通信機能で地域の電力会社の送配電部門（一般送配電事業者）に送信します（Aルート）。小売りの電力会社の中には、このデータをインターネット上で家庭に提供する会社もあります。

また、スマートメーターには家庭内にそのデータを送信する機能（Bルート）もあります。HEMSなどの装置でデータを受ければ、リアルタイムの電気の使用状況を知ることができます。

なお、Bルートの利用は地域の電力会社の送配電部門（一般送配電事業者）への申し込みが必要です。

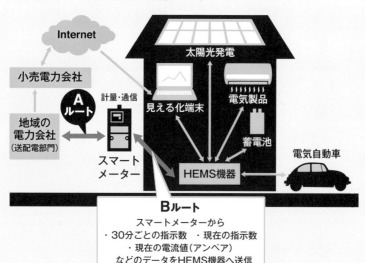

Bルート
スマートメーターから
・30分ごとの指示数　・現在の指示数
・現在の電流値（アンペア）
などのデータをHEMS機器へ送信

Q.2 スマートメーターにはいつ変わる?

電力会社の変更を申し込むと、地域の電力会社の送配電部門(一般送配電事業者)が、優先的にアナログメーターからスマートメーターに変更してくれます。基本的には電力会社を切り替えるスイッチングまでには、変更が終了しています。

地域の電力会社は、スイッチングとは別に、アナログメーターからスマートメーターへの取り替えを計画的に進めています。ですから、電力会社を変更しない場合でも、すでにスマートメーターに取り替えられている場合があります。

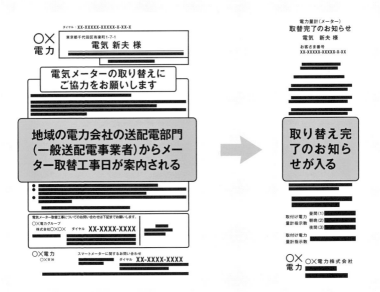

10 電気を選ばないとどうなるの？

お気に入りが見つかるまで じっくり検討を

● 当面は現在と同じメニューが供給される

電力自由化で、一般家庭も電気を選べるようにはなりましたが、選ばないままであっても、当分の間は特に問題はありません。従量電灯や時間帯別料金、オール電化住宅向け料金など、現在契約中の電気料金メニューをそのまま継続できます。

オール電化住宅向けメニューなど、もともと割安だったメニューについては、変更すると高くなるケースもあるので注意しましょう。

もちろん、新しい電力会社が魅力的なサービスを多数展開しているので、どのような料金メニューがあるか、どれだけ自分がおトクになるかを調べておいたほうがいいことは間違いありません。

気に入った電気料金メニューや電力会社が見つかるまで、じっくり検討しましょう。

● 数年後には全員が電気を選ぶ日が来る

経過措置期間が終了すると、「継続」の人も電気を選ぶことに

　当分の間、契約中の電気料金メニューが継続されるのは、自由化移行期に混乱を起こさないための一時的な措置です。地域の電力会社が引き続き最終的な供給義務を負っており、自由化前の規制料金を暫定的に残すことになっているためです。この期間を「経過措置期間」といいます。

　こうした規制は消費者保護の観点から行われていますが、国が「競争が進展した」と判断すれば経過措置期間が終了し、規制はなくなります。その時点では、全員が電気を選ぶことになります。

　経過措置期間が、どのような基準でいつ終了するのかは、今のところ明らかにされてはいません。現在のところ、地域の電力会社の送配電部門の法的分離を実施する2020年4月以降になる見込みです。

11 ウチでも電気を選べるの？
集合住宅に住んでいる

● 通常は自由に電気を選べます

　マンションやアパートなどの集合住宅の場合、電気は通常、地域の電力会社と、各部屋の居住者が直接契約するケースがほとんどです。この場合は電気を自由に選択できます。

● 賃貸の場合は電気と家賃がセットの場合も

　賃貸物件の中には、管理会社がすでに新電力や電力会社と提携している場合もあり得ます。この場合は電力会社や電気料金メニューが選べない可能性があります。

　ただし、その場合でも、電気料金の水準は地域の電力会社と比較して安くなると考えられますし、電気料金と家賃を一緒に支払うことができるなどの面でメリットもありそうです。

選べる？　　選べない？

集合住宅　　　　　　　　　　　　　　○
※通常は全く自由

管理会社が提携している場合　　　　△
※ただし、安くなると考えられる

11 ウチでも電気を選べるの？
マンションが高圧一括受電だ

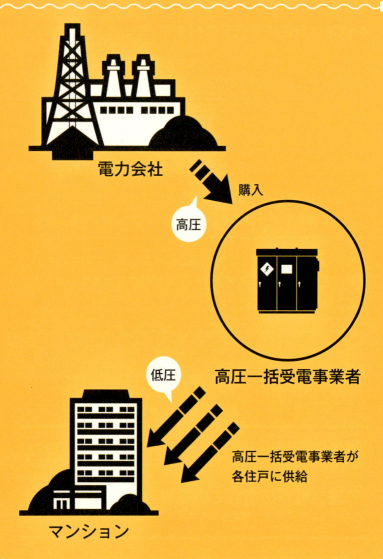

● 電気の選択はできません

　高圧一括受電のマンションの場合、マンション全戸と高圧一括受電事業者との契約となり、また長期契約でもあるため、解約することができません。一戸だけ電力会社を変更したり電気料金メニューを変更することはできないしくみになっているのです。

　しかし、電力自由化を先取りしたサービスだけに、これまでに多くのメリットを享受できているはずです。

● 高圧一括受電とは

　地域の電力会社や新電力から、専門の事業者がそのマンション一棟全体の電気を高圧で購入し、低圧に降圧してから各戸やマンション共用部に電気を供給するサービスです。高圧一括のまとめ買いにより、電気料金を圧縮することができます。

高圧一括受電マンション　　　　　　　　
※一戸だけの変更はできない

11 ウチでも電気を選べるの？
オール電化住宅に住んでいる

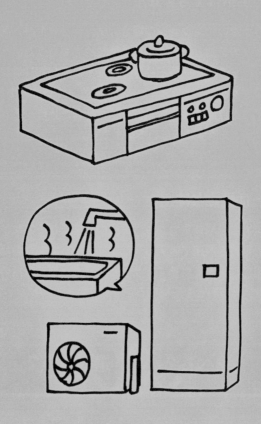

オール電化といえば、IHクッキングヒーターとエコキュート

● 変更はできますが、割高になるかもしれません

　調理はIHクッキングヒーター、給湯はエコキュートなど、家庭の熱源にも電気機器を使用するオール電化住宅。これまで地域の電力会社では、こうしたオール電化住宅の普及拡大を目指し、大幅に割安となる料金メニューを提供してきました。

　電力自由化後、地域の電力会社では新たなオール電化住宅向けのメニューを提供していますが、自由化前の旧オール電化住宅向けメニューよりは割引率が低い傾向があります。

　新規参入の電力会社が、旧オール電化住宅向けメニューに対抗できるほどの低価格料金で提供するのは難しいでしょう。

　このため、ライフスタイルなどに大きな変化がなければ、自由化後の新たなメニューを選択するより、従来のメニューを継続したほうがおトク。自由化だからといって、慌てて切り替えないほうがよいでしょう。

　もちろん今後、オール電化住宅向けに、もっとおトクな料金メニューが登場してくる可能性がないとは言い切れません。また、他のサービスとのセット割引などにより、魅力的な料金メニューが生まれる可能性はありますので、チェックしておきましょう。

選べる？　　選べない？

オール電化住宅
※ただし、旧契約を継続している人は、
　変更すると割高になる可能性も

11 ウチでも電気を選べるの？
エネファームを利用している

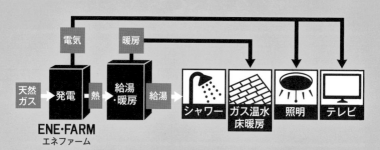

● 電気とガスのセットや、電気を売るという方法も

　ガスで発電しながらお湯をつくる家庭用燃料電池「エネファーム」。エネファームは基本的に給湯に合わせて発電しており、余剰電力が出ないように運転しています。足りない電気は地域の電力会社から購入しています。

　エネファームを利用している家庭では、電気の購入量が非常に少ないのが特徴です。電気料金だけを考えた場合、電気料金のみで現在よりおトクになるのは期待できないかもしれませんが、ガス会社のセットメニューなどをチェックしてみましょう。また、2017年4月からはガスも自由化されるので、電力会社がガスとのセットメニューを提供する可能性もあります。

　電力自由化後の新たな動きとして、大手ガス会社ではエネファームを24時間一定出力で運転し、家庭で使用しなかった余剰電力を買い取るサービスを開始したところもあります。最新機種に限るようですが、こうしたサービスもチェックしておきましょう。

選べる？　選べない？

エネファーム
※ガス会社のメニューをチェック　　　　　　　→　〇

11 ウチでも電気を選べるの?

太陽光発電で余剰電力を売電している

● 電気料金削減のメリットは小さいが、余剰電力を求めている会社も

再生可能エネルギー固定価格買取制度（FIT）に基づいて、太陽光発電を設置し、余剰電力を電力会社に売電している場合、電気を電力会社から買っている量は少ないと考えられます。そうなると、電力会社や電気料金を変更してもメリットは小さいでしょう。

一方、余剰電力の売り先を変更することも可能です。余剰電力の買い取りは現在のところ小売電気事業者が行うことになっています。例えば、電気の購入先の電力会社を変えた場合に、余剰電力の売り先もその電力会社に変更することができます。積極的に買い取りを行っている会社もあるので、探してみましょう。

なお、2017年4月からは、買い取り義務が小売電気事業者から地域の電力会社の送配電部門（一般送配電事業者）に移ります。これは新規の買取契約が対象で、2017年3月末までに契約した小売電気事業者との買取契約は継続されます。

▶ P.60「再生可能エネルギー固定価格買取制度（FIT）とは？」参照

太陽光で余剰電力売電
※買い取りを積極的に行う会社を探してみる

11 ウチでも電気を選べるの？

新築のときは どうすればいい？

新築住宅に入居する場合、いくつかのケースが考えられます。関係する不動産会社や建設会社、電気工事店などに電気の契約について、事前に確認しておきましょう。

　新しい住宅への引込線の工事の手続きは、地域の電力会社の送配電部門（一般送配電事業者）が担当します。しかし、一般送配電事業者への申し込みは、小売電気事業者から行われます。
　このため、注文住宅の場合は、入居時に契約する予定の電力会社をあらかじめ決めておき、しかるべきときに契約を結ぶ必要があるでしょう。住宅建設を行う工務店や電気工事店が手配してくれるケースもあるので、聞いてみましょう。
　また、マンションや建売住宅などの場合は、その不動産会社によって、それぞれ対応が異なります。場合によっては、電力会社が決まっているケースも想定されるので、こちらも確認が必要です。

　新しい住居での生活でどのように電気を使うのか、どんな料金メニューがよいかを考えながら、契約の方法や手続き、時期などについて、関係する会社などに問い合わせることが必要です。

3 賢い電気の選び方

選べる？　　選べない？

新築
※ただし、手続きなど確認が必要　　　　→

11 ウチでも電気を選べるの？

商店で低圧電力も契約している

● 商店向けの電力メニューを提供している会社もある

商店などで、業務用冷蔵庫や大型エアコンなど、比較的大きな動力を使用する場合、低圧電力という契約を結びます。

例えば、小さなレストランでは、業務用冷蔵庫用に低圧電力、照明などの通常の電気使用のために従量電灯と、二つの電気料金メニューを契約します。

地域の電力会社以外にも、こうした店舗向けの電気料金メニューを提供している会社もあるので、探してみましょう。また、制度的にはどちらかだけを変更することもできますので、いろいろな可能性を考えてみましょう。

選べる？　選べない？

低圧電力ありの商店
※店舗向け電気メニューを提供する会社もある　　→

11 ウチでも電気を選べるの？

離島に住んでいる

中部電力、関西電力、四国電力は離島の対象地域はありません

● 参入者がいない限り、
   離島向けの電気料金が提供されます

　離島では電力系統が独立しており、離島の外から電気を送るわけにいきません。また燃料は比較的高い石油に頼らざるを得ず、輸送コストもかかります。こうした実態をそのまま離島の電気料金に反映させれば、都市部などに比べてどうしても高くなってしまうという現実があります。

従来は、供給義務のある地域の電力会社が、離島以外の地域と同じ料金で提供していました。電力自由化になると、従来の供給義務はなくなりますが、離島に参入する小売りの電力会社はほとんど見込めません。そうなると、離島の電気料金が高騰したり、または電気が利用できない事態も想定されます。

　こうした事態を防ぐために、電力自由化の下では、電力会社の送配電部門である一般送配電事業者が離島に対して「離島供給約款」という料金で提供します。この離島用の電気料金は、国が内容を吟味して、できる限り安い水準になるよう規制しています。このように、離島などでも国民が等しく公共サービスを受けられるようにすることを「ユニバーサルサービス」といいます。

　離島で実際に電気を供給するためのコストは、一般送配電事業者が設定する託送料金に含まれており、電気の使用者全員で負担することになります。

▶ P.114「ユニバーサルサービスとは？」参照

離島
※離島に参入する小売りの電力会社は見込めない

11 ウチでも電気を選べるの？

COLUMN
ユニバーサルサービスとは？

電気や通信、郵便、放送などの重要な公共サービスは、国民がどこに住んでいても同じようにサービスが受けられるようにすることが求められます。これを「**ユニバーサルサービス**」といいます。

通信の場合は、固定電話がその対象となっており、NTT東日本とNTT西日本が担いますが、そのコストは電話を利用するすべての人が、ユニバーサルサービス料として負担しています。

電気の場合も、使用者の保護のため、離島の人に対するユニバーサルサービスとして、どこでも本土と同等の料金水準で電気の供給を受けられることになっています。

そこで、離島の電気料金の低廉化にかかる費用を、「託送料金」という形で設定し、サービス区域内の電気使用者全員が負担することになります。託送料金は電気料金の中に含まれています。

3 賢い電気の選び方

12 省エネだけでも電気は安くなる
省エネ家電に買い替える

電気代を安くするためには、電力会社や電気料金メニューを変更するほかに、「省エネ」に取り組むという方法も考えられます。中でも簡単にできるのが、家電の買い替えです。

冷蔵庫

年間を通じ、稼働時間が長い冷蔵庫。10年前の同容量タイプと比べ、消費電力は省エネ基準がおよそ3分の1まで低下しました。買い替えのメリットが非常に高く、すぐに省エネ効果を実感できるでしょう。

43.0%削減 (2005年度 → 2010年度)
(家庭用)

エアコン

夏の冷房に欠かせないエアコンは、電気代の上昇要因。年々、性能が向上しているので、古いエアコンを最新モデルに買い替えるだけで、大きな省エネ効果が得られます。暖房性能も上がっているので、冬も活用しましょう。

16.3%削減* (2005年度 → 2010年度)
(家庭用直吹き・壁掛け4kW以下)

※各機器の省エネ率（エネルギー消費効率の出荷台数による加重平均値の改善率）は、機器ごとの基準で見た実績値。＊印あり＝省エネ基準が単位エネルギー当たりの性能で定められている機器。＊印なし＝省エネ基準がエネルギー消費量（例：KWh/年）で定められている機器。
出典：省エネ性能カタログ 2015年夏版（経済産業省）

テレビ

テレビの中でも、液晶テレビの省エネ性能は格段に優れています。もし、大型のプラズマテレビを使用している場合、液晶テレビに買い換えるだけで、電気代はぐんと下がるでしょう。

60.6%削減 (2008年度 → 2012年度)
（液晶・プラズマ）

照明

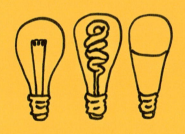

LEDは同じ明るさの白熱電球と比較して、消費電力は5分の1、寿命は40倍です。白熱電球をLEDに取り替えると、省エネだけでなく、長期的な電球コストも節約できます。白熱電球から蛍光灯電球への取り替えも、LEDほどではないものの、省エネになります。

14.5%削減* (2006年度 → 2012年度)
（蛍光灯器具）

12 省エネだけでも電気は安くなる

COLUMN

省エネ家電の選び方

電気料金を安く抑えるには、節電や省エネルギーに心がけ、できるだけ電気の使用量を抑えることが有効です。

家電製品の省エネルギー性能は日々向上しています。家電製品を買い替える際は、各機器の省エネルギー性能も比較して検討しましょう。

家電製の省エネ性能の比較には「省エネルギーラベル」や「統一省エネルギーラベル」が参考になります。

● 省エネルギーラベル（製品に表示）

家庭で使用される製品を中心に、省エネ法で定められた目標基準（トップランナー基準）の達成率を製造業者が表示するラベルです。カタログや製品本体、包装など、見やすいところに表示されます。エアコンや電子レンジなどの電気製品のほかに、ストーブやガス瞬間湯沸器など19品目が指定されています。

● 省エネルギーラベル

❶ 省エネ性マーク
省エネ基準を達成している場合は緑色、達成していない場合はオレンジ色で表示

❷ 目標年度
トップランナー基準を達成すべき年度

❸ 省エネ基準達成率
トップランナー基準の目標基準値の達成率

❹ エネルギー消費効率
年間消費電力量など製品ごとに定められた数値を記載

● 統一省エネルギーラベル（店頭などに表示）

統一省エネルギーラベルは、エネルギー消費が大きく、製品ごとに省エネ性能の差が大きいエアコン、冷蔵庫、冷凍庫、テレビ、電気便座、蛍光灯器具の6製品を対象としたラベルです。販売店などで掲示されています。

省エネルギーラベルに加え、省エネ性能を星の数で大きく表示（多段階評価）しているほか、年間にかかる電気料金の目安が記載されています。

また冷凍庫、炊飯器、電子レンジなど多段階評価を行わない製品を対象とした簡易版の統一省エネルギーラベルもあります。

● 統一省エネルギーラベル

- ラベルを作成した年度
- 省エネ性能を五つ星から一つ星の5段階で表示
- 省エネルギーラベル
- 年間の目安電気料金

12 省エネだけでも電気は安くなる

省エネ行動を身に付ける

　一番簡単な電気代の削減方法は、省エネ行動です。年間を通じた消費電力の割合は、大きい順に冷蔵庫、照明、テレビ、エアコンとなっています。つまり、こうした家電を上手に使いこなすことが電気代を下げるコツです。

　冷蔵庫に詰め込み過ぎない、使っていない部屋の照明を消す、見ていないテレビを消す、使わないときはコンセントからプラグを抜いておく、洗濯はまとめて行う、エアコンの温度は夏は28℃、冬は20℃に設定するなど、省エネ行動を身に付けると、チリも積もれば山となって、電気代を節約できます。

　ただ、一つ気を付けたいのは、エアコンのオン／オフ。エアコンは立ち上げ時にエネルギーを使います。エアコンを使用しない時間が1時間くらいであれば、気温や家のつくりによっては付けたままにしたほうが省エネになる可能性があります。とはいえ、電気料金メニューによっては、昼に付けたままにすると高くなる可能性もあります。電気料金メニューや家の構造、自分の行動などを考え合わせながら省エネにつなげましょう。

3 賢い電気の選び方

GO!
ACCESS!

省エネルギーセンター
「家庭の省エネ大事典」も要チェック！

12 省エネだけでも電気は安くなる

契約アンペアを見直してみる

電気料金が基本料金制の地域では、家の分電盤にアンペアの表示があります。基本料金は契約アンペア(容量)ごとに異なっています。これを見直すことによって、電気代の節約につなげることができます。

しかし、多くの電気製品を一度に使うことがある家庭の場合は、注意しなければなりません。使用中の電気契約アンペアを超えて電気を使うと、アンペアブレーカーが落ちて家の中が停電してしまいます。一度にどれだけの電気製品を使うをしっかりチェックしましょう。

基本料金制を取っている地域の電力会社のホームページには、家電製品の一般的なアンペアチェックのコーナーもあります。契約アンペアを変更する前に一度、試算してみることをおすすめします。

家族構成やライフスタイルが変わった場合は、契約アンペアを見直してみるとよいでしょう。もし現在、アンペアブレーカーが頻繁に落ちてしまうような場合は、契約アンペアを変更せず、使用時間をずらしたり、省エネ行動を取ることを考えましょう。

契約アンペアを変更する場合は、小売りの電力会社に申し込みます。小売りの電力会社に申し込むと、地域の電力会社の送配電部門(一般送配電事業者)が変更に来てくれます。

● 東京電力のアンペアブレーカー（40Aの場合）

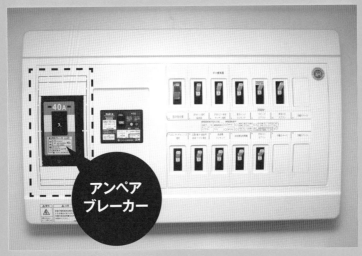

●基本料金制の地域の電力会社
北海道電力、東北電力、東京電力、中部電力、北陸電力、九州電力

＊アンペアブレーカーは地域によって名称が異なる場合があります。

13 電気代は必ず安くなる？

料金メニューと使い方が合わないと高くなってしまうかも

● 料金メニューの特徴を捉えよう

規制のあった電気料金は、使用量が少ない人ほど割安に利用できるしくみでした。一方、電力自由化後の電気料金メニューは、多く電気を使っていた人ほど、従来に比べて割安になる傾向があります。

省エネを徹底している人や太陽光発電で余剰電力を売電している人などは、電気の契約を変更しても効果が出にくいでしょう。割安なオール電化住宅向けメニューを契約していた人も、変更するとむしろ割高になる可能性があります。

また、基本料金や電力量料金単価などの電気料金の基本的なしくみを変更する料金メニューを選んだ場合、使い方によっては従来より高くなる可能性もあります。セット割引のメニューを選んだ場合も、セットとなる商品をどう使うかによって、おトク度は変わります。

メニューの特徴を捉え、それに合った電気の使い方を考えましょう。

夜間の電力量料金単価が安く、昼間の単価が高い時間帯別メニューを選んだ場合、従来の電気の使い方を見直す必要も。夜間の安い電気をどう使うかを考えよう

● 安いからといって使い過ぎない

電力会社を変え、割安な電気料金メニューを選択したとしても、以前より電気を多く使えば、電気代は結果的に安くなりません。

電気の使用量は、季節やそのときの生活によって変わるため、なかなか単純には比較できません。電力会社や料金メニューを変更した場合は、前年同月の使用量と比較してどれだけ電気料金が変わったかなど、冷静に分析し、見直してみることをおすすめします。

前年同月との比較などで冷静にチェックしよう

注意点と
トラブル対応法

　電気を選ぶのは初めてのことだけに、トラブルも付き物です。消費者が知らないことに付け込んだ詐欺まがいのトラブルも、すでに報告されています。契約に当たってどんな点に注意したらいいかを確認しておきましょう。

　地域の電力会社の中で、電柱や鉄塔を管理する送配電部門は、将来的に別の会社になる予定。だから、電気の契約を変える人も変えない人も、停電時などのトラブル対応法は覚えておきたいですね。

14 契約ではこんな点に注意しよう！ → P128
15 契約後の心配事 → P136
16 電気の小売りルールと相談窓口 → P148

14 契約ではこんな点に注意しよう！

電気代の請求はどうなるのかを確認しよう

● 自由料金になると検針票はなくなる

当たり前のように家のポストに入っている検針票ですが、電力会社を変更したり、地域の電力会社の自由料金を選択した場合、検針票は従来のような形では届かなくなる場合もあります。

検針は地域の電力会社の送配電部門（一般送配電事業者）が行いますが、料金計算や請求は小売電気事業者が実施します。

現在の検針票は、電気の使用量とともに電気料金も記されていますが、これは旧電気供給約款で定められた規制料金であるためです。自由料金に契約が変更された場合、一般送配電事業者は、その供給地点に住む人がどのような電気料金メニューを選択したかは、基本的にわかりません。

● 電気の使用量や電気代はウェブで？

検針データは一般送配電事業者から、小売電気事業者に提供され、契約した料金メニューに従って、電気料金が計算されます。

こうした情報は、基本的には小売電気事業者もしくは代理店などのウェブ上で、その月の電気代や電気使用量などの情報が通知されるケースが多いでしょう。

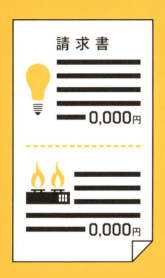

● セット販売などでも請求書形態は異なる

セット販売の場合、どのような請求の仕方になるのかは、会社ごとに異なります。

契約の際にはどのようなタイミングで、どのように請求が来るのか、いつまでに支払う必要があるのかなどを確認しておきましょう。

また、ポイントサービスなどについても、どのタイミングで反映されるのか、その通知はどうなるのかなど、確認しておきましょう。

4 注意点とトラブル対応法

14 契約ではこんな点に注意しよう！

|||| COLUMN ||||

電気料金請求までの流れ

電気料金はこれまで、地域の電力会社の検針員が、毎月、各家庭に設置されているメーターの数値を読んで記録し、それを元に、電気料金を計算し、請求していました。

スマートメーターが設置された後の電気料金請求は次のようになります。

まず、使用した電気量は、地域の電力会社の送配電部門（一般送配電事業者）がスマートメーターによって遠隔検針します。スマートメーターには通信機能があるので、30分単位の使用電力量の検針データを一般送配電事業者に送信します。

こうして一般送配電事業者に集められた検針データの中から、小売電気事業者は自社の顧客分についてオンラインで取得します。小売電気事業者はそれに基づき、契約内容と照合して電気料金を計算します。電気料金の通知方法や請求方法は、電力会社や契約種別によって異なるので確認しておきましょう。

地域の電力会社の場合、口座振替やクレジットカードによる支払い、振込用紙による支払いなどの支払い方法があり、検針日から30日目※の支払期日までに支払うことになっています。

電力会社を変更したときは、支払い方法や支払期日の考え方も確認しておきましょう。

※一部地域を除く

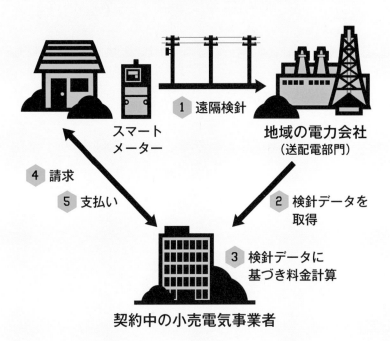

1 遠隔検針

スマートメーターから電気の使用量（検針データ）が地域の電力会社の送配電部門に送信されます。

2 検針データ取得

契約中の小売電気事業者が、検針データを取得します。

3 料金計算

小売電気事業者が検針データに基づき料金計算。

4 請求

※請求業務は、取次、代理などの事業者が担当する場合もあります。

5 支払い

14 契約ではこんな点に注意しよう！
契約時のあれこれ

● 強引に契約させられた！

電話や訪問販売により、強引な勧誘で電気を買う契約を結んでしまった場合は、**クーリングオフ制度**により解約することができます。

クーリングオフは、契約書や契約内容を書いた書面を受けとった日から8日間が対象期間です。期間中に書面で手続きしましょう。クーリングオフに関する詳細は国の国民生活センターが説明しています。

インターネットや店頭に出向いての契約はクーリングオフの対象ではありませんのでご注意を。

● 勝手に契約されていた

　日本より早く電力自由化を進めたヨーロッパやアメリカの各地では、消費者の同意を得ずに電気の契約を変更する「スラミング」が行われて問題になりました。電気の購入先を選ぶ経験がない消費者の知識不足を突いた行為といえます。

　法的に問題があるのはもちろんですが、私たち自身も、電気代の支払い状況に注意し、疑問があれば契約中の小売電気事業者に問い合わせましょう。

14 契約ではこんな点に注意しよう!

● 詐欺に注意!

電力小売り自由化に乗じて詐欺を働こうとする動きが出てきています。「スマートメーターに取り替えるために費用がかかります」「早くどこかと契約しないと電気が止まってしまいます」といった話はすべてウソ。スマートメーター取り替え費用は必要ありませんし、契約を急いで変更しなくても大丈夫です。

少しでも「おかしいな」と思ったら、この本を読み返して、ゆっくり落ち着いて考えてみてください。不安になったら電力・ガス取引監視等委員会や国民生活センターに相談してみましょう。

▶P.150「国の相談窓口を覚えておこう」参照

● 複数の電力会社とは契約できない

電気の使用量を二つに分けて、それぞれ別の電気料金メニューを選択したい、という家庭もあるかもしれませんが、一般家庭では、一つの供給地点特定番号には、一つの小売電気事業者しか供給できないことになっています。つまり二つの電力会社から買うことはできないのです。

また、最初にAという電力会社に申し込んでいて、Bという電力会社のほうがもっといいことがわかった場合、Aとの契約を解消しないと、Bに申し込むことはできません。

Aに申し込んだ後にBに申し込んで、結局Aに切り替えられてしまったというケースも発生しているので、しっかり選んでから申し込みをしましょう。

15 契約後の心配事

契約期間がある場合は違約金に注意!

● 違約金が発生する場合、しない場合

契約前に契約期間中に解約した場合の違約金について確認しましょう。セット販売の場合は電気の契約期間終了時でも、一緒に契約した他のサービスが継続中で違約金が発生するかもしれません。なお、引っ越しの場合、引っ越し先で契約した電力会社が電気を売っていなければ、解約しても違約金を支払う必要はありません。

セット販売の契約期間にズレがある

● **法外な違約金を求められたら**

不当に高額な違約金は、国の小売営業ガイドラインで法的に問題がある行為とされています。契約時の説明資料などの記載を確認しましょう。問題だと思う場合は、電力・ガス取引監視等委員会などに相談しましょう。

▶ P.148「小売営業ガイドラインを参考に」参照

15 契約後の心配事
契約の解除について

● 契約を解除したい

契約先の会社に手続き方法を確認して解約しましょう。行き過ぎた引き止め、なかなか解約に応じないといった行為は、国の小売営業ガイドラインで問題がある行為とされています。

行き過ぎた引き止めはガイドライン違反

● 電力会社に契約解除されることはある？

料金の不払いなどを理由に電力を売る会社が契約を解除する場合は、15日程度前に消費者に連絡すべきとされています。

地域の電力会社以外と契約していた場合、契約解除後に地域の電力会社から供給を受けられます。解約を伝えてきた会社が申し込みについて説明するので、地域の電力会社に手続きしましょう。

電気を売る会社側からの解約は早めの通知が必要

15 契約後の心配事

停電になったらどこに連絡すればいい？

　停電になった場合の連絡先は、原則的に電気の購入先、すなわち小売電気事業者です。取次や代理などで契約した場合も、小売電気事業者への問い合わせとなります。

　ただし、通常の問い合わせとは違って、小売電気事業者では分からないという場合や受付時間外ということもあります。

　地域の電力会社の送配電部門（一般送配電事業者）は、こうした場合の問い合わせにも対応します。

　契約時にあらかじめ、それぞれの問い合わせ先を確かめておきましょう。

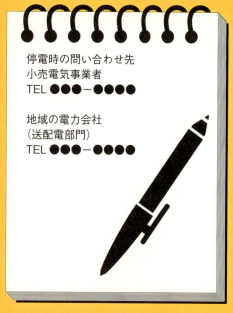

停電時の問い合わせ先
小売電気事業者
TEL ●●●-●●●●

地域の電力会社
（送配電部門）
TEL ●●●-●●●●

15 契約後の心配事

大規模災害が発生したらどうなるの？

東日本大震災や熊本地震では、地域の電力会社が電力供給の復旧に全力を尽くしました。また早期復旧に向け、被災地以外の全国の電力会社も、電源車や技術者など応援を送りました。

　電力自由化後も、電力ネットワークが被災すれば地域の電力会社の送配電部門である一般送配電事業者が復旧に当たります。

　全国大での協力は、今後も続くと考えられますが、調整が必要な場合は、全国の電力ネットワークを管理する電力広域的運営推進機関（広域機関）が調整することになっています。

15 契約後の心配事

契約先の会社が倒産したら電気は止まる?

契約している電力会社が倒産しても、地域の電力会社が切れ目なく電気を送るので停電はしません。

すぐに他の電力会社と契約できなくても、地域の電力会社の小売り部門の標準的なメニューである「特定小売供給約款」で供給を受けられます。これは当分の間(経過措置期間)は、地域の電力会社に供給義務が残っているためです。経過措置期間終了後は一般送配電事業者が最終保障供給として、電気を供給します。

いずれにせよ、倒産した会社とは別の会社と、あらためて契約を結ぶ必要があります。

会社がつぶれても電気は来る

COLUMN

日本ロジテック協同組合の倒産

　新電力（特定規模電気事業者）として、自治体や企業向けに電力小売りを行ってきた日本ロジテック協同組合は、2016年2月、全面自由化に向けて準備していた小売電気事業者の登録申請を取り下げ、電気事業から撤退しました。

　電気の契約は年度始めの4月開始が多く、年度末に飛び込んだ撤退のニュースに、同組合から電気を購入する予定だった自治体や企業は新たな供給先の確保などに追われました。

　同組合は、2016年4月15日には、自己破産を申請しています。倒産の理由は、顧客が増えるに従って増加する販売量を賄う電気を、十分に安く仕入れられなかったためだとされています。

　これまでこうしたリスクと無縁だった一般家庭も、2016年4月の自由化以降は電気の購入先がつぶれる心配が出てきました。

　電気を売る会社が倒産してもすぐに停電する心配はありません。しかし、また購入先を探して電気料金の水準などを比べたりした上で、あらためて契約し直すという手間がかかります。

　料金やサービスだけでなく、会社の経営という観点も踏まえて慎重に契約先を選んだほうがよさそうです。

15 契約後の心配事

引っ越しが決まったら

● 契約している会社は引っ越し先でサービスしている？

まずは、引っ越し先でも電気を売っているかどうか、契約している電力会社に聞いてみましょう。引っ越し先で同じ会社と契約する場合も手続きが必要です。事前に引っ越し先の地域の電力会社や不動産会社に供給地点特定番号を確かめておきましょう。

電気の契約先を変える場合は、現在契約中の会社への解約手続きと、引っ越し先で契約する会社への申し込みをしましょう。引っ越し先で同じ会社がサービスしている場合、契約先を変えると、違約金が必要となる場合があります。

● 引っ越す前に契約しないと電気が使えない?

　引っ越す前に電気の契約を結んでいなくても、引っ越し先で分電盤のブレーカーを「入」にすれば電気が使えるようになる場合と、地域の電力会社に連絡しなければいけない場合があります。前もって不動産会社に確認しましょう。急ぎの場合は引っ越し先の地域の電力会社の送配電部門に電話してください。

　引っ越し後、電気を使い始めてから小売りの電力会社に契約を申し込めば、使用開始日にさかのぼって電気代が請求されます。なるべく早く小売り会社に申し込みましょう。

ブレーカーを入れただけで電気がつくケースもあるが確認は必要

16 電気の小売りルールと相談窓口

小売営業ガイドラインを参考に

　国の電力・ガス取引監視等委員会は、消費者保護などを目的に「電力の小売営業に関する指針（小売営業ガイドライン）」を2016年1月に制定しました。電力小売りの全面自由化に伴い、電気を販売する会社の営業ルールを定めたものです。

　ガイドラインでは、電気を販売する会社の望ましい行為と法的に問題となる行為を設定しています。望ましい行為とされている内容は必須ではありませんが、問題となる行為とされる内容は、業務改善命令など処分の対象になる可能性があります。

　ここでは「問題となる行為」を紹介しますが、「望ましい行為」を行っている会社は信頼できる会社であるともいえるので、契約前にガイドラインに目を通しておくのもいいかもしれません。

　契約前、または契約後に、何か疑問に思うことがあったら、小売営業ガイドラインを確認してみましょう。

GO! ACCESS!

● 小売営業ガイドライン
http://www.meti.go.jp/press/2015/01/20160129007/20160129007-1.pdf

小売営業ガイドラインに記載された問題となる行為（抜粋）

- 料金請求の元になる使用電力量などの情報を消費者に出さない

- 「当社の電気は停電しにくい」など、消費者の誤解を招く情報提供で自社のサービスに誘導する

- 違約金が高すぎたり、解除手続きや契約更新をしない場合の手続きが明らかでないなど、契約解除を著しく制約している

- 原因不明の停電に対し小売電気事業者が問い合わせに応じない

- 契約解除時に本人確認を行わない

- 過度な引き留めなど、解除申し込みに速やかに応じない

- 契約解除について、予告通知があること、地域の電力会社に申し込めば供給を受けられることなどを説明しない

16 電気の小売りルールと相談窓口

国の相談窓口を覚えておこう

　国の電力・ガス取引監視等委員会は、電気の契約に関する一般からの相談窓口を開設しています。電気を販売する会社とトラブルになったり、対応にさまざまな疑問が生じた場合は、一人で悩まずに、監視等委員会に相談しましょう。また各地の消費生活センターも相談に対応しています。

　監視等委員会がまとめた電力小売全面自由化に関する消費者向けのQ&Aも参考にしましょう。

電力・ガス取引監視等委員会 相談窓口（直通）

TEL：03-3501-5725
（受付時間 9:30～12:00、13:00～18:30）
E-mail: dentorii@meti.go.jp

国民生活センター　消費者ホットライン
（地域の消費生活センター相談窓口に接続、または案内）

TEL：局番なし188（相談できる時間は地域で異なる）

Go! ACCESS!

電力・ガス取引監視等委員会
よくあるご質問
http://www.emsc.meti.go.jp/info/faq/

5

Memo & Check!

巻末

電気の基礎知識や、電気を選ぶときに必要となる情報を書き留められるノート、契約直前のチェックシートを収録しました。ぜひ、ご活用ください。

17 電気の基礎知識 ─────→ P154
18 わが家の電気ノート ─────→ P162
19 契約前のチェックシート ─────→ P166

17 電気の基礎知識

電気の単位を知ろう

　電気の能力を示す主な単位に電圧（V）、電流（A）、電力（W）があります。

　電気の流れを水路に例えると、電圧は水路の高低差（水圧）、電流は1秒間に流れる水量、電力は流れた水が行う仕事を指します。

A 電流（アンペア）

　電流は電気の流れる量のこと。単位はアンペア（A）です。基本料金制を採用している地域では、基本料金の設定にアンペアを使っています。契約アンペアが大きくなれば一度に多くの電気機器を使用できますが、基本料金も高くなります。

V 電圧（ボルト）

　電圧は、電気を押し出す力のこと。単位はボルト（V）です。一般家庭が契約している電圧は、100Vもしくは200Vです。高い電圧の電気はたくさんの電流を流すことができるので、結果として電気が行う仕事量も大きくできます。

電圧、電流、電力の関係を示す計算式
電力（W）＝電圧（V）×電流（A）

電気が仕事をする量

電気を押し出す力

電気の流れる量

W 電力（ワット）

電力は電気が1秒当たりに仕事をする量のこと。単位はワット（W）です。1,200Wの電気ストーブは600Wの電気ストーブのおよそ2倍の仕事をするので、速く暖めることができます。

100Vの電気を使用している場合、ワット数を100で割るとアンペアに換算できます。例えば1,000Wの電気ストーブが消費する電流は10Aです。

Wh 電力量（ワットアワー）

電力量は1時間あたりに使用した電力の総量のこと。単位はWh（ワットアワー）です。

例えば、消費電力1,000Wの電気ストーブを6時間連続して使用すると、使用した電力量は6,000Wh（6kWh）となります。

電力量（Wh）＝電力（W）×時間（h）

17 電気の基礎知識

家庭の電気設備を知ろう

1 配電線

地域の電力会社の送配電部門（一般送配電事業者）の配電ネットワークです。

2 トランス（柱上変圧器）

6,600Vなどで送られてきた電気を、一般家庭が利用できるよう100／200Vに降圧します。

3 引込線

家庭に電気を引き込むために電柱から軒先などに取り付けられている電線で、メーターにつながります。

4 メーター

電気の使用量を計測する装置。現在、一般送配電事業者によってアナログメーターからスマートメーターに取り替えが進められています。

5 アンペアブレーカー

電気料金が基本料金制（アンペア制）の地域では、契約電流を超えた電流が流れたときに自動的に電気の供給をストップさせる装置があります。名称は地域によって異なります。

6 分電盤

屋内の各所に電気を分岐する装置。分電盤は家庭の設備ですが、アンペアブレーカーは電力会社の設備です。

7 漏電ブレーカー（漏電遮断器）

電気配線や電化製品が漏電を起こしたとき、自動的に電気を止めて事故を防ぎます。

8 安全ブレーカー（配線用遮断器）

部屋ごとに、電気機器の故障などによるショート、または使いすぎにより許容電流を超えた場合に、電気を自動的に遮断します。

引込線取付点が家庭と一般送配電事業者の財産と責任の分界点

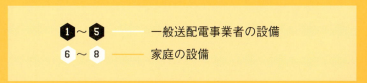

17 電気の基礎知識

電力供給のしくみ

　電気はさまざまな発電所から、送配電ネットワークに送られ、消費者に届けられています。

　大型の発電所で発電された電気は、送電ロスを少なくするため15万4,000Vから50万Vまで、メガソーラーなども6万6,000Vに昇圧されて消費地に送られます。そして消費地では利用する電圧まで降圧していくのです。私たちの家庭に届く電気は、100Vまたは200Vです。

　電気の品質は送配電ネットワーク内で一定に保たれています。地域の電力会社の送配電部門（一般送配電事業者）には、それぞれに中央給電指令所があり、電気が足りなくなれば、火力発電所やダム式の水力発電所に指令を出して発電量を増加させます。また電気が余るようであれば、発電所に発電量を低下させるよう指令を出します。

　地域間での電気をやりとりは、電力ネットワークの連系線の容量内で行われますが、東日本大震災のような緊急時には、電力広域的運営推進機関（広域機関）がその指令を出すことになります。

Hz 周波数（ヘルツ）

　家庭用の電気は交流電流で供給されています。交流電流は電気の流れる向き（プラスとマイナス）が1秒間に何回も入れ替わっています。この入れ替わる回数（プラスとマイナスの往復で1回）を周波数と呼び、単位はヘルツ（Hz）で表します。

　日本の周波数は静岡県の富士川と新潟県の糸魚川あたりを境にして東側で50Hz、西側で60Hzの電気が送られています。

電気が届くまで（東京電力の例）

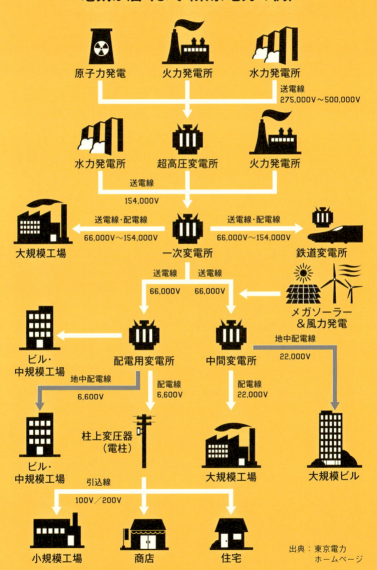

出典：東京電力ホームページ

17 電気の基礎知識

電気の安定供給とは

　電気はためることが難しいため、時々刻々、消費量（需要）に合わせて発電（供給）しています。消費量と発電量を常に一致させているのです。

　このバランスが崩れると、照明がチラチラしたり、家電製品が壊れたり、停電になったりします。

　需要と供給のバランスを取るために監視されているのが周波数です。周波数の上昇は、消費量が発電量より少なくなっているシグナル。一方、周波数の低下は、消費量が増加し、発電量が足りなくなってきているシグナルです。

　小売電気事業者は、自社の需要に合わせて、電気を調達することになっています。もしできない場合は、地域の電力会社の送配電部門（一般送配電事業者）が調整し、需給のバランスを保つことになっています。

● 電気は消費量と発電量を常に一致させている

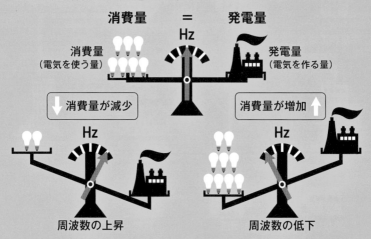

● 1日の電気の消費量と電源構成

　電気の消費量は1年365日、24時間絶えず変化しています。1日の電力需要は、人々の活動の始まりとともに急速に増加し、午後2時前後に需要のピークを迎えます。夕刻にかけて次第に使用量が減り、深夜から早朝にかけてはもっとも需要が低くなります。

　この需要の変化を示す曲線を負荷曲線（ロードカーブ）と呼びます。電力会社はロードカーブに合わせて、それぞれの電源の特徴を生かしながら発電します。この組み合わせには、経済性や負荷追従性（調整スピード）、環境性などが考慮されています。

需要の変化に対応した電源の組み合わせ例

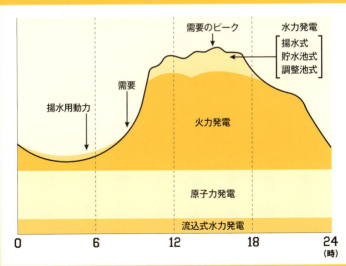

18 わが家の電気ノート

基本情報をメモしよう

start!

契約電力会社		東京電力など
供給地点 特定番号		地点番号と書かれている場合も
お客さま番号		電力会社の契約者番号
契約種別		従量電灯Bなど
契約容量 (基本料金制)		40Aなど

基本料金 (最低料金)	円

従量電灯の場合

電力量単価項目	電力量料金単価	備考
第1段階料金	円　　　銭	～120kWh
第2段階料金	円　　　銭	120kWh超 ～300kWh
第3段階料金	円　　　銭	300kWh超～

その他時間帯別料金などの場合

電力料単価項目	電力量料金単価	備考
(例) 昼間料金	(例) 34円　(例) 56銭	(例) 8:00～22:00
	円　　　銭	
	円　　　銭	
	円　　　銭	
	円　　　銭	

(注)電力量料金単価は電力会社のホームページなどで確認してください

使用量情報

年／月	使用量	請求金額
(例) 2016／4	(例) 350kWh	(例) 9,500円
／	kWh	円
／	kWh	円
／	kWh	円
／	kWh	円
／	kWh	円
／	kWh	円
／	kWh	円
／	kWh	円
／	kWh	円
／	kWh	円
／	kWh	円
／	kWh	円
合計	kWh	円

18 わが家の電気ノート

比較サイトの情報をメモしよう

比較サイト名	

シミュレーション結果

年間電気使用量	円		
年間電気代（現在）	kWh		
おすすめ度	1位	2位	3位
電力会社			
プラン名			
切替後の電気代	円	円	円
実質割引額	円	円	円

割引などの内訳

電気代のみ	円	円	円
セット割	円	円	円
その他割引	円	円	円
ポイント	円	円	
ポイントの種類			
その他特典	円	円	円
特典内容			
契約期間			
解約時違約金	円	円	円
特徴			
見える化サービス			
比較サイト限定特典			
備考（支払方法など）			

How much?

比較サイトでわからない内容は、電力会社のホームページなどで確認しましょう

比較サイト名			

シミュレーション結果

年間電気使用量	円		
年間電気代（現在）	kWh		
おすすめ度	1位	2位	3位
電力会社			
プラン名			
切替後の電気代	円	円	円
実質割引額	円	円	円

割引などの内訳

電気代のみ	円	円	円
セット割	円	円	円
その他割引	円	円	円
ポイント	円	円	円
ポイントの種類			
その他特典	円	円	円
特典内容			
契約期間			
解約時違約金	円	円	円
特徴			
見える化サービス			
比較サイト限定特典			
備考（支払方法など）			

19 契約前のチェックシート

契約前に確認しよう

● 契約する会社について

- [ ] 実際に電気を売る会社（小売電気事業者）ですか？
- [ ] 取次や代理店の場合、電気を売る小売電気事業者はどこですか？
- [ ] その小売電気事業者は国に登録されていますか？

● 電気代について

- [ ] 前年並みの使用量で、年間いくらくらいになりますか？
- [ ] 基本料金はいくらですか？
- [ ] 電力量単価は確認しましたか？（段階別の定額制／変動制／季節別・時間帯別など）
- [ ] 契約書類にある電気料金は消費税込みですか？ 消費税抜きですか？
- [ ] 切り替えることによってどの程度おトクになる見込みですか？
- [ ] 契約内容や条件が変更される可能性はありますか？ 変わる場合、どのように教えてくれますか？
- [ ] 燃料費調整額の記載はありますか？
- [ ] 電気代の他に、何か特典はありますか？
- [ ] 割引やポイント、特典などがどう反映されるまたは利用できるのか、確認しましたか？
- [ ] 電気の使用量や、請求金額の通知方法を確認しましたか？
- [ ] 電気代の支払い方法や支払い期日は確認しましたか？

Check!

● 契約期間について

- [ ] 契約期間はありますか？
- [ ] 契約期間中に他社に変更した場合に違約金はありますか？
- [ ] 契約期間が終了する前に連絡してくれますか？ いつ頃教えてくれますか？
- [ ] 他の電力会社に切り替える場合に必要となる手数料や手続きはありますか？
- [ ] セット販売の場合、電気の契約とセット商品の契約の期間のずれはありますか？

● その他

- [ ] 特別な前払いのお金など、通常の会社にない条件がありませんか？
- [ ] 問い合わせや苦情を受け付ける窓口はどこですか？
- [ ] 非常時に連絡すべき小売電気事業者、一般送配電事業者の窓口はどこですか？

Memo

電力会社／小売電気事業者	
問い合わせ窓口	
非常時の窓口	

電気新聞とは

一般社団法人日本電気協会が発行する日刊の電力業界専門紙。創刊は明治40年(1907年)。電力会社、電気工事会社、電機メーカー、商社、官公庁などを取材対象とし、電力自由化をはじめエネルギー関連ニュースを発信している。

http://www.shimbun.denki.or.jp/

電気の選び方

わが家の電力自由化ガイドブック

2016年6月23日　初版第1刷発行

編著者 ……… 電気新聞(でんきしんぶん)
発行者 ……… 梅村　英夫
発行所 ……… 一般社団法人 日本電気協会新聞部
　　　　　　　〒100-0006　東京都千代田区有楽町1-7-1
　　　　　　　[電話] 03-3211-1555
　　　　　　　[FAX] 03-3212-6155
　　　　　　　[振替] 00180-3-632
　　　　　　　http://www.shimbun.denki.or.jp/
印刷・製本……大日本印刷株式会社

編集協力　　　　　　　柴山　幸夫（有限会社デクスト）
カバー・本文デザイン　斉藤　直樹（ベリーマッチデザイン）
イラスト　　　　　　　星　わにこ

© Denki Shimbun 2016 Printed in Japan
ISBN 978-4-905217-56-5
C0030

* 乱丁、落丁本はお取り替えいたします。
* 本書の一部または全部の複写・複製・磁気媒体・光ディスクへの入力を禁じます。これらの承諾については小社までご照会ください。
* 定価はカバーに表示してあります。